綠金
茶葉文明史

GREEN GOLD
The Empire of Tea

從喜馬拉雅山、圖博、雲南到阿薩姆，穿梭帝國談判桌與茶農辛勤間，轉動現代工業、經貿發展與醫療應用齒輪的隱形推手

Alan Macfarlane
艾倫・麥法蘭
Iris Macfarlane
艾莉絲・麥法蘭
——著

楊佳蓉 ——譯

積木文化

目次

第三部

體現

獻給永遠不會讀到這本書的阿薩姆茶園工人

誌謝

一如以往，本書因為諸多友人、同事的協助才能如此飽滿豐富。國王學院的 Michelle Schaffer 與 H .B. F. Dixon、三一學院的 Derek Bendall，還有在劍橋大學的朋友幫我確認生化領域的資訊。Chris Bayly、Mark Elvin、Brian Harrison、David Sneath 給予我歷史與人類學的建議。Lipeni、Christine、Dirang Lungalong 帶我們遊覽加爾各答。辛哈夫婦、達斯夫婦讓我們更瞭解阿薩姆。Babs Johnson 陪伴艾莉絲前往阿薩姆。Brynny Lyster 協助我們在印度事務檔案館找資料。Hilda Martin 提供了中肯的建議（以及一杯杯的茶）。Lily Blakely 讓我們深入理解茶是如何轉化成母乳。David Dugan、Ian Duncan、Carlo Massarella 幫我們拍攝日本茶道儀式，探討這個主題。Andrew Morgan 和 Sally Dugan 幫我們審閱書稿，提供絕佳的建議。Elizabeth Jones 當時正在劍橋工讀科學史與哲學，她讀了兩次內文，給予相當有幫助的評論。我也引用了好些她建議的文本，特別是在第五章。Ebury 出版社的 Jake Lingwood、Claire Kingston 以及社內上下人員的努力讓這本書得以誕生。最重要的是 Sarah Harrison 和 Gerry Martin 不厭其煩地反覆閱讀書稿，陪我們討論。當然了，還有數千年來無數為了製茶犧牲生命的人士，這本書獻給他們。對他們致上最深的感謝。

00 導言

本書作者是某位已故茶農的遺孀艾莉絲與他的兒子艾倫。我們呈現出兩種觀點、兩種方向。我想探究的議題列在此處，而我母親的疑問則會透過第一章闡述。

開始撰寫本書後，我的腦海中滿是謎團與記憶，宛如散亂的拼圖。我在一九四一年出生於西隆（Shillong），那是人類首度發現茶樹的地區。在阿薩姆茶園度過的童年印象模糊，只依稀記得我是茶園經理的孩子，搭乘吉普車穿梭在廣闊的茶園間。茶廠的氣味、堆積如山的茶葉和老舊的攪拌機器。寬廣涼爽的平房被繁花與整齊草坪包圍。到山中溪流玩耍、游泳捕魚還有吃冷咖哩。到俱樂部看馬球賽、打網球。

我在阿薩姆度過人生中最初的五年時光，接著到英國讀寄宿學校，青少年時期回來過兩趟。最深刻的是加爾各答帶給我的衝擊——繁榮與極貧並存。我發誓總有一天要回來改善貧民窟怵目驚心的生活環境。我擁有能接受昂貴教育的家產，然而對於在優渥童年時光邊緣徘徊的勞工和僕人毫無印象。或許當年的我從未有過正視他們人生的念頭。當時我也沒思考過茶葉產業是如何進入阿薩姆、為什麼英國人掌握一切，甚至對茶樹為什麼會形成茶園都一無所知。從某些角度來說，我是藉由這本書試圖解開那些沒問出口的疑問。

過了二十歲，我想回印度進一步研究，卻由於政治因素無法涉足阿薩姆。於是我以人類學家的身分，到喜瑪拉雅山區的尼泊爾調查背景類似的古隆族，調查這個族群是如何受到英國軍隊招募、組成知名的廓爾喀軍團，並守住茶園以及周遭山地。

我仍舊心繫阿薩姆，但我沒有機會回去，只能參加研究該區那加族（Naga）歷史文化的五年計畫，卻得到更多的疑問。英國人為何要將帝國勢力擴展到遙遠的東北部？為何深入那加族人盤據的山區？最後的結果是什麼？我的研究在茶園邊際打轉，然而茶園本身的存在令這個現象更加不可思議。

自一九九〇年起，我接連四次造訪日本，在我的人類學研究過程中努力理解這個古老的文明。日本最令我驚奇的是茶在其文化中擁有舉足輕重的地位。我們隨時都喝得到茶，能在宗教、陶瓷器等生活層面中見識到它無遠弗屆的影響。參加過幾次茶會、造訪過幾間茶屋，我們更加注意到它超凡的重要性。為了瞭解日本，我讀了不少宗教和美學的書籍，其中透露的訊息推翻了我過往認為茶不過是另一種熱飲的成見。在日本人眼中，茶是幾乎擁有神奇功效的藥物，是非常特別的東西。若它對日本文明有那麼大的影響，在其他地域是否也是如此？所以，我童年舊居周圍廣達幾畝的青翠灌木叢，真有其存在的意義？

這些朦朧的構想和體驗在我心底盤旋，直到一九九三年，我再次著手探索工業革命的起源。西方文明在十八世紀進入這個史無前例的獨特階段。為什麼最先發生在英國？為什麼是在那個時代？為什麼會興起這股風潮？

一九九四年的夏季，我們在劍橋郡住處的院子裡蓋了一棟茶屋。在這個期間，諸多疑惑在我腦中翻來覆去，是否在我童年時期的茶園裡能輕鬆獲得答案？是否在茶飲的發展過程中能找到解法？

想到這一環，我突然領悟了。茶在一七三〇年代湧入英國，流過大多數人之口。茶葉的引進緩解了致命的水媒傳染病。泡茶前要先燒水，同時殺死水中大半有害的病菌，是大眾化的安全飲品。或許答案就是這麼簡單。

不過還有更多未解之謎。無論是歌頌茶葉的中國、日本學者，還是最早研究茶葉的歐洲醫師，他們都深信茶裡面含有某種特殊物質；那是帶著苦味卻對人體有好處的玩意兒，某種具有收斂性的「藥物」。若真是如此，就能解釋其他疑問了——比如說就連不喝茶、只喝母乳的嬰兒，腹瀉的發生率也越來越低了。他們是不是受到茶水進入母乳中的某種成分保護？研究調查指出這個可能性頗高，茶裡的「單寧」其實不是單寧，而是一種「酚類」，擁有強大的防腐和抗菌功效。

當家母和我著手撰寫這本書時，這只是糾結在我腦中的疑問之一。我也很想知道茶是如何進入人類的生活。它為何擁有如此獨特的成分，特別是咖啡因、酚類、黃酮類化合物[1]？它是如何橫掃全世界、成為英國人生活的核心？製茶和周邊產業蒙受了什麼影響？習慣喝茶的民族還受到什麼影響？茶葉的擴散和幾個偉大文明——比如說中國、日本、英國——的崛起間是否有更多關聯？口耳相傳的養生功效究竟有幾分真實？

我在本書中負責的段落，都是為了填補我與家族過往的空缺。好幾代人的命運與茶，與阿薩姆一帶難分難捨。這也是一場理論探索，或許茶確實是讓我們所處世界運轉的重要功臣。原本的小小謎團、幾乎沒人注意的葉片，在這個故事中成了史上數一數二的成癮物質。

艾倫・麥法蘭

01 歐洲女子的印度回憶錄

成長過程中，把殖民宗主國捧上天的話語總是伴隨著我：那些「化外之地」裡褐色皮膚的人改不了卑賤的出身，能受到我們統治算他們走運。父母送我進寄宿學校，我得意洋洋地望著地圖上大片大片的英國領土。我從出生起便沉浸在東方人是次等種族的概念之中。次大陸居民永遠是印度人的本質。

父母、祖父母、叔伯兄弟都去過化外之地，泛黃照片中他們站成幾排，倚靠步槍、馬球桿或老虎屍體，倨傲地面對太陽。女性坐的不是船隻的折疊躺椅，就是光鮮亮麗的馬匹背上的側鞍，寬邊遮陽帽換成木髓帽。她們在熱帶樹木斑駁的樹影間儀態端莊，讓纏著頭巾的印度小廝牽馬。

小男孩身穿迷你馬褲、騎在驢背上，接受眾多小廝簇擁——一張照片中的僕人比主人家的親戚還多，站在一旁順從地等候指令。在化外之地，即印度，男人外出從軍往往會成為廓爾喀軍團的士官；據說，該軍團的印度手下幾乎把這些白人長官當成神明崇拜。女人四處享樂，然後結婚。印度是那些腦袋空空、身材肥胖、滿臉面皰——總之就是在婚姻市場沒有價值之人的去處。

我們當然不是這麼想的：在成長過程中，深信印度人很幸運能被我們殖民，直到我們派出學者、傳教士、商人、軍人、老師，展現超凡的學識，他們才知道是非對錯。我們的男性在韋斯特沃德霍（Westward Ho）的聯合服役學院等公立學校受教育，學習如何「與當地民眾融洽相處」。在一八一五到一九一四年間，全世界有八五%的土地都是殖民地，因此四處都是受到統治的當地民眾，以及像前英國首相亞瑟・詹姆斯・貝爾福（Arthur James Balfour）這樣主張「在我們手中，他們獲得有史以來最好的政府管理」的政客。刻板印象隨處可見，甚至變本加厲：歐洲人是「無私的行政官員」且擁有「與生俱來的邏輯能力與高智商」、白人男性非富即貴；反觀印度人則都是「懶散」又貧窮（大君除外）。

一九三八年，十六歲的我腦中塞滿這些瞎扯，到印度進修淑女風範，準備磨去我的稜角、花掉我多餘的鈔票，迎接母親口中宛如永不落幕的派對般的印度生活。我深信自己將在兩三年後回到英國讀大學，身形苗條，沉靜從容。母親則是從我們踏下遠洋客輪斯特拉內弗號（Strothnaver）的那一刻開始盤算我的嫁妝。印度遍地都是想找老婆的中年男性，而且他們不太在意「外表」，甚至會欣賞我的好頭腦，這些條件在我母親所屬的上流社會婚嫁市場中，可是重大缺陷。

我父親從正規軍借調來這個兵站，而我們居住的軍營是一片位於廣大混亂之中，潔淨整齊的綠洲。印度人的居所總是髒亂不堪，所以才說他們「懶散」。軍營周圍築起白色柵欄，樹幹也漆成白色，柵門、門板……一切事物都上了層層白漆，或許是為了象徵我們優越的膚色。我們住在潔白的平房裡，四周種植金盞花、矮牽牛、一串紅（在那之後我對這些花卉厭惡不已）。營區中央就是俱樂部，設置了網球場和高爾夫球場。這兒還有一間教堂和醫院，但是沒有店舖；廚師每天早上去市集採買，我母親則在她的「歐洲夫人帳本」中記帳。食材都很便宜，然而她每天都質疑著那些被報上的數字；印度人都很「chilarky」[1]，這個字眼有著欺上瞞下、輕佻又不老實等意涵。

軍營裡有一兩個軍團、文官、警察、林務人員、兩名醫師，以及負責分配補給品的後勤部隊。此外，還有在我們視線範圍外的鐵路職工；他們都是有色人種，與低階軍官共用一處低等俱樂部。到了熱天，整批人馬會遷移到丘陵上，僅剩資淺軍官和低賤的鐵路職工留守。

丘陵間有一座湖，划船俱樂部成了上下分明的社交生活重心。社交圈的頂端是總督，他住在一棟坐擁數百畝庭院的豪宅裡。東部軍區司令的宅邸規模略小，他成天忙著對任何無法順應他粗蠻嘲諷的人頤指氣使。他僱用自己的兒子擔任副官，女兒則是他的管家。我們得要接受雙方的邀請；這能彰顯個人地位，座位排序亦是如此。英屬印度是個注重禮儀又勢力眼的區域。印度醫藥相關的醫師地位高於皇家印度陸軍軍醫，位置自然離總督夫婦更近一些。我被安排在長桌最尾端，隔壁是司令副官，這名年輕瀟灑的軍官衣褲上滾著金邊，穿著光亮的軍靴與馬刺。網球派對、高爾夫球賽、晚間舞會的生活幾乎未受戰爭爆發影響。當時是九月，我剛過完十七歲生日，儘管當時沒有人認為戰爭會持續多久，但它著實摧毀了我對於早日歸國的期望。我們透過無線電得知敦克爾克（Dunkirk）和英倫空戰，捲了些繃帶供應本地可能的需求。一整個旅來此受訓，軍營頓時擠滿了身穿軍服的小伙子。在我十八歲那年，其中一人帶我踏上紅毯，讓我母親鬆了一大口氣。

在承平時期，他是一名茶農。關於這點有些可惜，畢竟「商人」在我們家族的詞彙中幾乎等同小老百姓（hoi polloi），不過茶農是出名的有錢，還能住在偏遠祥和、與世隔絕的茶園區域。母親開開心心地送走我，讓我帶著一大箱的土司架、餐盤、陶瓷湯碗抵達東方分部，負責監督茶葉產業的軍官正在那處建立起新的軍團，訓練阿薩姆山區的當地人民。我丈夫隨著阿薩姆軍團派駐別處，與我相隔兩地，直到婚後五年生了三個孩子後，我們總算才在一處茶園落腳，展開真正的婚姻生活。我曾想像茶花如果樹般，在我們的新居周圍散發甜香，完全不懂要如何將這芬芳的香氣化為壺中的飲品。我在一九四六年七月懷抱著所有的誤解踏上這片土地。戰爭期間，我幾乎都在父母身旁，他們仍舊無法相信印度獨立。在他們的圈子裡，甘地跟賈瓦拉哈爾・尼赫魯（Jawaharlal Nehru）最好都被抓去關起來。划船俱樂部裡的閒聊消遣都透出「離開印度」的意圖，只有孩子為了幾毛零用錢搖旗吶喊。我父母帶著他們的幻想離開。我抵達阿薩姆時，同樣的幻想如蠶繭般將我層層包圍。

我先生麥克二十九歲那年，以兩年的種茶經驗接管了一大片農地，好讓戰時管理該處的經理夫婦能回國輪休。管理員的平屋幾乎和我搭乘過的斯特拉內弗號一樣大，材料也是木頭，像甲板一般分成上下兩層。我們住在樓上，孩子們騎三輪車繞著一樓的柱子打轉。屋子中央是上著鎖的儲藏室，我們找到鑰匙，發現美國佬留下的食品、冰箱、縫紉機和零件，幾乎堆到天花板。我們摸了兩罐冰淇淋粉，但得等到經理回來才能跟他買個冰箱和幾組電風扇。

原來茶是灌木植物，園地與平屋有一段距離，我完全沒看到採茶或製茶的工序。我沒有車，還帶著三個不到五歲的小孩，成天揮汗陪他們玩耍、注意他們的安全。漆黑油亮的虎頭蜂在天花板築巢，跟鱷魚一樣大的蜥蜴在露臺上吞吐舌頭。某天我從二樓陽臺往下看，看到一頭生著巨角的野牛湊向嬰兒車；牠與一般的布拉曼牛（Brahman bulls）一樣和善，看到這裡有個小動物就靠過來關切。不時有蛇出沒，偶爾會見到老虎蹤跡。不過最致命的對手還是蚊子，我到哪都扛著殺蟲劑。

在這裡，鳥兒、蝴蝶、各種動物都有著鮮艷色彩，植物更是斑斕奪目……紫色、鮮紅、金色、杏黃色、珍珠白色，令人屏息。無論從上方、下方、周圍長出，它們都生機蓬勃，園丁（malis）幾乎不需要費多少工夫照顧，割完幾畝地的雜草就坐在樹蔭下抱著大水壺喝茶。麥克說他們跟其他僕人都住在宿舍裡，然而在我眼中，他們只是一道道棕色人影——憑空冒出，又化為空氣。母親的僕人身穿上了漿的白色長袍，閃亮的黃銅釦子固定住五顏六色的腰帶。這裡的僕人可沒那麼時髦。他們居住的破爛小屋位於庭院邊緣，美其名曰是僕人宿舍。經過長時間的潛移默化，本地人手腳不乾淨的印象揮之不去，因此我頻頻計算咖啡桌上銀色菸盒裡的香菸還有幾根、目測酒瓶裡威士忌的餘量。負責打理庭院的僕人邋遢極了，我暗忖整潔的白袍是否能提升他們的水準。

我滿心期盼能得到一輛車，兩個月後，這個願望化作美國佬所留垃圾堆裡挖出來的破舊希爾曼敏克斯（Hillman Minx）轎車。即便不甚理想，這輛車還是能送我們到俱樂部。我興奮極了，每天忙著顧小孩，丈夫又幾乎不在家，若是能與其他茶農和他們的妻子聚會，想必能替生活增色不少。我替全家換上乾淨的棉衣，驅車迎向熱氣蒸騰的午後。這是我們八個禮拜以來首度外出。孩子們吸吮手指、臭著臉打盹，麥克臭罵著閒晃的牛隻和滿地坑洞。我第一次看到茶園，以及背著籃子彎腰採茶的女工。在樹蔭下，她們看起來從容又美麗。「像天鵝般在茶樹之海中漂浮，這是多麼愜意的生活啊！」我這樣想。

來到河邊，我們搭上不太牢靠的小船。孩子們精神來了，享受水花飛濺的短暫船旅，這讓原本乾爽的他們變得濕答答、皺巴巴、衣衫不整。我只能想像過往種種來為自己打氣：光潔的地板、漂亮的花藝、印花沙發、擺放茶具的托盤，身穿白袍和腰帶的僕人端來冰飲。我想像裡頭有書齋、打牌室、孩子的遊戲間。這些想像是基於過去在印度另一端待過的俱樂部：法官、林業官員、警官、醫師、上校大談他們的工作與嗜好。他們的妻子會畫圖，駕駛小帆船的技術一流且園藝和橋牌樣樣精通。充滿小圈圈、種族主義根深蒂固的俱樂部是文明的場域，能在那裡找到友誼、笑聲和休閒。

下了船，我們爬上滿是泥濘的河岸，公司派來的車載我們經過幾間平屋，在稍微大一點的屋子旁放我們下車。屋側有個網球場，裡頭是一個大房間，只擺了一圈藤椅，旁邊連著酒吧。我們穿越房間後來到網球場，坐在硬梆梆的椅子上看人打球。從球場上退下來的男人跑去打撞球，自顧自地玩耍。沒有鞦韆或是沙坑，孩子們在這裡無事可做。事實上這裡沒別的小孩，也沒有風趣的英國上流人士，舉目所見盡是茶農。臉頰紅潤、腿腳粗壯、滿身大汗的蘇格蘭佬——我至今仍抱持著這個刻板印象。

球賽結束後，十多名女性坐上那圈藤椅，就只是坐著。孩子在我大腿上打瞌睡，風扇吱嘎作響，話題總是圍繞著僕人打轉。我聽到許多駭人聽聞的故事，像是挑水工人雖然會洗澡，但從沒學會要怎麼往茶壺裡裝水。我右手邊的婦人說，她以前都不知道在阿薩姆打理平屋要花那麼多工夫。她親切地分享對工具的深刻體驗。我每天早上都要將這些工具發給每個僕人，傍晚收回來，並且一定要盯著看他們有沒有好好運用，比如說有沒有乖乖拿掃把打掃地毯。我當然要把食品櫃鎖好（大部分的平屋都有石砌的巨大庫房），麵粉和糖都得斤斤計較，冰箱得要上鎖（加水稀釋牛奶是常見伎倆）。我會做針線活嗎？沒有？好吧，這樣我不用給線軸上鎖，但是要像山貓般對高檔餐具加倍警覺。若是哪樣東西開始在房裡變換位置，到了某天深夜它肯定會悄悄消失。最有趣的部分是假裝完全沒注意到，在關鍵時刻逮人。別忘了，這裡的僕人是低級物種，腦力跟植物差距不大。他們其實就像小孩，老是想作怪。得讓他們知道誰是老大。

孩子們昏昏沉沉睡了兩個小時，我說我要去找我先生了。眾人僵住，從沒聽說過哪個女人膽敢踏進那扇活門後的空間。男人在專屬於他們的酒吧裡，想離開才會出現，這通常要等上好幾百年。他們腳步踉蹌，不過還有辦法開車回茶園。我們回到河對岸，開自己的車回家。把昏睡的孩子運上樓後，我靠上陽臺欄杆眺望庭院。

負責這塊土地的老守衛（chowkidar）拿著棍子四處閒晃。他赤著腳，衣衫襤褸。我該給他哪種工具？他究竟能為我們抵擋什麼危險？老虎？盜匪？我知道等我們睡著，他也會躺下來，枕著頭巾一覺到天亮。虎頭蜂在他頭頂上的蜂巢裡昏昏欲睡、蛇蜷縮在乾燥處、飛蛾拍動銀色翅膀。溫暖的夜晚充滿和諧的低頻嗡鳴，蟲子的鳴叫聲被呱呱蛙鳴打斷，胡狼在遠處嚎叫，還有隆隆鼓聲。螢火蟲和滿天星光點亮夜空，月光花與百合花暗香浮動。

我吸入大口甜香，心想這是我在阿薩姆度過的最後一個炎熱季節。等到明年我們輪休回國，麥克將會接下別的工作，揮別印度。再也不用跟孩子分開，再也不需要在可怕的俱樂部圈子裡等男人來接我們；那裡人的襯衫蓋不住泛著粉紅色的肚腩，褲襠拉鍊還開著。我開開心心地上床睡覺，完全沒料到自己將在茶園度過二十年時光。直到一九六六年，我才被人用擔架扛著離開這個美麗、充滿活力又令人疲憊的魔幻國度。

過了十年，我才真正開始在印度四處遊歷。我在家教養女兒，直到一九五五年大女兒滿十歲，才在阿薩姆獨自生活。離我們退休還有十年，我坐在陽臺上，往手札裡列出閒暇時間的用途。麥克現在是那加山區邊緣一片美麗茶園的經理。以前那裡不太平靜，曾遭到那加人洗劫（儘管這些事情從未傳進我耳中），不過現在他們只會下山來市集賣珠子、讓人拍照。去附近河流釣魚時，我們看著他們設下竹製捕魚陷阱，之後衣服沒穿、身體也沒擦地就來到我們的營火旁。麥克格外中意軍中的那加人，即便有著語言隔閡，我們仍笑個不停地與他們分享熱茶和香腸。

我很在意自己貧弱的語言能力。勞工們的方言五花八門，我頭昏眼花，不知道該選擇哪種，最後學了阿薩姆語，到各地村莊探索這個我所知不多的國家。我也想試試，看自己是否能去醫院和學校幫忙。一九五二年的種植園勞動法案（Plantation Act）中訂定針對居住、健康和教育的法條，但我對此一無所知。麥克曾展示他建造的托兒所，但沒有母親願意把孩子留在這個水泥斗室裡，只能把它擴建成牛舍。

清單裡有個排序偏後的項目，是造訪製茶的生產線。我在遛狗途中經過那些區塊——一排排稻草棚屋共用一個水龍頭。難怪僕人不是身上長瘡就是被凍著，我混沌的腦袋沒有想太多。喝止狗兒追逐鴨子時，我滿腦子都是如何布置剛裝上空調的房間。僕人每天看著我們家的水龍頭、燈具、風扇，回到他們沒電沒水的小房間時肯定覺得不太舒坦吧——這是不時浮上我心頭的疑惑，但這就是東方風情。

學習阿薩姆語的資源只有由天主教教會印行的手冊，裡頭有一半的頁面上下顛倒。麥克幫我找了個老師，是一位本地教師。他每週來我們家兩趟，坐在露臺上時雙膝會因恐懼而直打顫。我跟他說了些《灰姑娘》之類的簡單故事，但他太拘謹了以致不敢糾正我的錯誤，因此進度相當緩慢。他不收學費，反而扛著十五磅重的鮮魚來到我們的平屋，彷彿是受了我的恩惠似的。麥克猜他或許是想藉此成為高階教職員。

他邀我到他家吃飯是出自賄賂心態嗎？希望不是。我第一次造訪當地村莊，以往都是驅車高速穿過並揚起一片塵土。這位教師的住處旁是一塊棕櫚樹影掩映的空地，南瓜和牽牛花爬了滿牆。整座村莊乾乾淨淨。處處是樹蔭，葉片被風吹得沙沙作響。中央是一座池塘，睡蓮和鴨子浮在水面上。孩子隨處玩耍，盯著他們的婦女光裸著手臂環抱水甕。越過椰子樹和香蕉樹叢，水田倒映著柔軟的綠色稻穗。雞隻咯咯啼叫，遠處傳來歌聲和斧頭砍樹的重擊。

為了配合我的地位，我獨自用餐，由教師的妻子專程接待。她的紗麗拉起來遮住臉龐。一名老婦人端著盤子來到門前，拿到一把米。教師跟我解釋這是村裡的習俗，也就是共同照顧長者和病人。他有三個兒子，還在償還他祖父欠下的債務，不過他的妻子配戴銀手鐲和耳環，而他自己有一片稻田與一對閹牛。若能成為助理校長他就心滿意足了。

我拎著一袋芭樂興高采烈地開車回家。第一次對此產生耳目一新的感受。阿薩姆人才不是茶農口中的「懶惰鬼」；與製茶工人相比，他們活得很奢侈。我想像自己退休以後住在這樣綠蔭豐美的村莊，開門就能採收南瓜、香蕉、椰子、芭樂。麥克以為我這個下午過得很辛苦，要忍受甜滋滋的茶和僵硬死板的對話，沒想到我卻喜上眉梢。

我的欣喜是因為：總算找到方法逃離俱樂部社交圈、早晨咖啡聚會、週末的馬球派對，也逃離永遠圍繞著挑水工人打轉的話題。在阿薩姆這麼多年，我沒遇過另一個想要逃離的女性。大家認為我是個怪人，麥克太可憐了。我基本上不太在意那些耳語，只是偶爾自憐會從毛孔中滲出，酸臭如汗珠。

在村莊之外，我進一步聯繫某個姓巴拉里（Bharali）的印度中產家庭。以前宛如天書的書本，現在終於看得懂了。我寫給某位作者，請他介紹適合拜訪，甚至是暫居的人家。巴拉里家的大女兒阿妮瑪（Anima）正在攻讀博士學位，這個戴著眼鏡的溫和女孩似乎不打算結婚。她貌美的妹妹已婚，然而她丈夫去倫敦讀書後沒再返家，音訊全無。她請我幫忙尋找他，而我在下一趟輪休時找到了人，卻無法說服他回到她身旁。

巴拉里的宅邸格局方正、四平八穩，我們坐在陽臺上喝檸檬雪酪，聊起日後規畫。他們已經安排好一連串行程。等到雨季結束、河水退去，我們就去布拉馬普特拉河（Brahmaputra River）上的一座神聖小島參訪，觀賞歌頌黑天神（Lord Krishna）生平的年度大戲。那座島上的居民全是僧侶，阿妮瑪的母親想接受其中一位僧侶的祈福。身為受過高等教育的年輕世代，阿妮瑪對如此老派的陋習笑而不語，但也認為我或許會喜歡這份體驗。

麥克認為這不過是「怪力亂神」，但還是準備了車子跟司機送我們到河邊。我們接起阿妮瑪和她母親，以及一名想要同行的阿姨，加上一個行李箱、幾個大包袱，以及裝在籃子裡的兩隻雞。阿妮瑪的母親帶了一罐煮菜油，打算拿來塗抹她心目中大師神聖的雙腳。油脂開始融化，氣味刺鼻。

我們在河邊的一間旅社過夜。房裡有四張床，床單又皺又灰，看起來被許多人睡過，但阿妮瑪還是跟我各挑一張床坐下，等候去殺雞煮咖哩的兩位長輩。她跟我說了黑天神的故事。我對印度教毫無認識，只依稀知道裡頭有很多神明，還有噴灑紅色液體的混亂儀式。阿妮瑪信奉的是比較純粹的一神版本，將黑天神尊為類似耶穌的化身。那座島上的僧侶也屬於這個派別，而她母親想見的僧侶名聲顯赫，修為完美無缺。

跟兩名鼾聲震天的老太太度過一晚，起床時我興奮極了。在我心目中，那座神聖島嶼上林木蓊鬱，四處可見身上塗著金粉的僧侶口中喃喃誦經。爬坡前去奉拜高僧時，我們將被肅穆神秘的氣息包圍。我的基督教信仰幾乎耗盡，也準備好接受其他神明的祝福，至少在這一天內是這樣。

車子開上河堤，登上一艘蒸汽船。這兒除了我們之外，還有半數阿薩姆民眾跟他們的牲口、腳踏車。我們好不容易擠上船，勉強找了甲板邊緣的欄杆靠著，我努力把各種整船乘客溺斃的事件拋到腦後（每隔一陣子就會在報紙上看到這類壞消息）。船才剛發動，阿妮瑪的阿姨就說她要吐了，隨即吐在我鞋子上。我沒辦法蹲下來清理，一輛腳踏車和一頭山羊的屁股把我堵住了。若之後跟麥克說起這件事，他肯定會哈哈大笑，說「我早就講過了」。

他們家的年輕表親在島上與我們會合。他有一樣計程車，是少數不具神職的島民。阿妮瑪的母親說他膚色很黑，所以一直找不到老婆。比起膚色，他的飲酒習慣才是大問題，以計程車司機來說不太妙，不過島上也沒多少車輛就是。等到乘客散去，他冒出來打招呼，看來只是微醺。我們扛著行李跟那罐椰子油鑽進車裡。

島上的道路不太平整，也說不上筆直。那名表親常常轉頭跟我說他是詩人，相當仰慕華茲沃斯（William Wordworth）[2]。他問我路旁的小房子有沒有讓我想到那位詩人筆下的破敗小屋？是不是只差水仙花？他希望以後我能帶他去看看那位偉大文學家的舊居，欣賞那片水仙花。

與此同時，我們埋頭尋找那位僧侶的下落，一路顛簸讓椰子油不斷溢出，車子卻跑到另一座廟宇前。這座島和阿薩姆其他區域類似：遍地香蕉樹與遊走的牛隻、擠成一團的屋子前雞群咯咯叫著、婦女將稻米脫穀……一點都不神聖，只讓我焦躁萬分。又熱、又髒、又亂。天啊，怎麼沒有人帶上地圖？我閉上眼，「懶散」這個詞在我眼皮下打轉。

聽到阿妮瑪大喊「終於到了」，我才睜開眼。這是一座小山丘，階梯穿過青翠坡地，兩三隻瘦巴巴的野鹿和一頭正值換毛的孔雀在樹下歇息。我們爬坡來到一棟鐵皮屋子前，兩名弟子收起我們的鞋子，請我們坐在接待室裡等待接見。高僧一次只見兩個人。他們端上混濁的水給我們喝，我抿唇啜飲，懷疑是不是哪雙神聖的腳掌曾在裡頭洗過。我的膝窩緊貼木頭椅面，五臟六腑擰成一團。

阿妮瑪跟她的阿姨先被叫進去，接著她母親和我來到另一個房間，一名高大男子坐在臺座上，身披白色僧袍。四處擺放蠟燭和鮮花。在他面前叩首時我心想：應該要帶個花束過來，希望他不介意我如此失禮。我直盯著地面，巴拉里太太手中那罐油全抹在僧侶神聖的腳掌上。一陣低語，一隻手伸向她的頭，她起身倒退著離開。

接下來短短幾分鐘我永生難忘。一隻手撫上我低垂的腦袋，摸過我汗溼的額頭，觸及沾滿塵土的頭皮；那觸感彷彿穿透了頭蓋骨、流遍我全身，甘美與力量將我填滿。感覺就像陽光照進黑暗的房間裡，就像雨水浸透乾涸的土地。我在心中開了窗，全世界的美景湧入。我領悟了快樂的真諦。

等他收手，那股喜悅仍舊存在。他斷斷續續地說了幾句話。他說語言隔閡像是擋路的巨石，但智慧將從石頭的縫隙、上方流過。距離不是問題，無論我們相隔多遠，他永遠都在，他的雙手永遠都能給予祝福。他可知道——我想他一定知道——我在絕望時刻有多少次度過那條大河，爬上那道塵土飛揚的階梯，將疼痛欲裂的腦袋垂到他神聖的腳掌旁？

隔天回到家時，我跟麥克分享了船上的見聞、那個表親，以及演了一整夜的戲。我沒向他或任何人提起，關於那隻陌生人的棕色手掌是如何帶給我一輩子祝福的。回顧這段歲月，我很納悶自己為何從未再次踏上那座島（即便我在心裡常這麼做）。或許我只是害怕奇蹟不會再度降臨。

阿妮瑪給了我幾本歷史書，我從中得知阿洪姆王朝（Ahom）的諸王陵寢就在我們茶園境內。土丘般的墓裡原本埋著大量黃金和象牙，現早已被人洗劫一空，只留下其中一個土丘上的神廟陷在叢林深處。我打算清掉那些樹木，挖出神廟的遺跡。每天早上我會提著野餐籃跟鏟子，刮去粉紅色地磚上的泥土。當我躺下來休息時，會有幾隻禿鷹在上空盤旋，希望我已經死了。我磨破掌心、進度緩慢，可是卻很快樂，心想著：再過不久，某個領取政府資金的考古團體將來接手。

我做這件事有沒有取得任何人的同意？應該沒有。我有沒有想過此舉會觸動迷信的敏感神經？不，我完全不這麼想。因此，當發現我的成果都會在週末遭到摧毀，或是牆面被人打倒時，我難過極了。麥克說那些跟野人沒兩樣的學生該吃一頓鞭子。我的失望令他憤怒，看到我在野外曬紅的臉頰蒼白，他深感遺憾。我怒氣騰騰地投書給報社，放棄這件事。我真懷念在我頭頂上鬼鬼祟祟盤旋的禿鷹。

醫院是我的下一個目標。茶園對他們的醫院深感自豪，因此當我發現這個醫院只有兩間病房（分別給男性和女性使用）且擺滿鐵製病床時，我嚇了一大跳。後面還有一間病房保留給特殊案例，再加上一間小小的診療室。女人坐在床上抱著嬰兒，房內沒有桌椅。醫院也不供餐，親戚送來的餐食就放在地上。一群蒼蠅嗡嗡飛舞、四處亂爬，母親在寶寶頭上揮手驅趕。

巴布（Babu）醫師在孟加拉學醫，不會任何一種此地患者的語言。他跟我說貧血是大問題。小孩太多了，這樣不好。他給我看了玻片上的血液樣本，顏色很淺，有一份還幾乎是黃色。他給住院患者打針，可是等他們回到家狀況又會惡化。現在有殺蟲劑ＤＤＴ，至少不必擔心他們會得瘧疾。

後頭的單人病房裡住了一名臥床休養的女孩，房裡除了病床什麼都沒有。巴布醫師說是肺結核，很嚴重，已經無法治癒。雖然醫院能為她做的事情很少，但她家人口眾多、沒有空間隔離她，讓她住在這裡比較好。她需要新鮮牛奶，只是這裡難以取得。他說她名叫涅利瑪，但我呼喚這個名字時她毫無反應，只是盯著空蕩蕩的牆壁看。

麥克願意幫忙裝設阻擋蒼蠅的門，不過其他的需求——家庭生育計畫、桌椅、提振精神的牆面油漆、給孩童患者的玩具——這些都得向 P 醫師申請。他是掌管所有公司旗下醫院的歐洲人，每兩個禮拜會來探訪一次。他人很好，是我們的好朋友，完全不懂當地語言（這不是什麼新鮮事）。他負責確認必備藥物庫存和病歷的保管狀況。

他說公司對生育計畫不感興趣，人越多越好——這樣才能壓低工資。現在公司行號受到法律規範，許多耍小聰明的混帳四處向勞工宣導他們的權益，因此最好的作法就是製造更多拼命找工作的人。不過呢，我能在合理範圍內給予生育計畫的建議，只是無法巴望公司出錢買保險套。

其餘的計畫……把醫院打造成明亮愉快的場所，然後牆上有畫、窗前有簾子？抱歉，不可能。老實說他無法理解其必要性。就算麥克想把牆面重新粉刷，但……面對現實吧，那些人會注意到嗎？看看他們的出身，更別說提議在他們村莊架設自來水系統和下水道設施來省下昂貴的藥錢了。我鎖定生育計畫，寫信到德里研討此事。

等待回覆期間，我每天去醫院。有個腦袋不太靈光的少女生產後沒有奶水，院方給她奶瓶，她卻連要把哪一頭塞進寶寶嘴巴都搞不清楚。我坐下來幫忙，但心裡很清楚：以她的智力和無法哺乳的狀態，出院回家後孩子必死無疑。我想到以前拿自己擠的牛奶餵養的小長臂猿，發誓一定要幫到底，讓這個孩子活下去。麥克說：「親愛的忘了這件事吧，妳一天沒那麼多時間。這是適者生存的世界。」我知道他說得對，只是我想盡最後一份心力，所以自家產的牛奶幾乎都送去醫院。

每天早上我都會陪陪那個得了肺結核的小病患。我帶上紙張跟蠟筆、書本、串珠。有個朋友給我一只漂亮的木雕娃娃，連衣服都不含糊。涅利瑪總算臉一亮並露出笑容。她整天抱著娃娃，看起來沒那麼消瘦，燒也退了一些。過了兩個禮拜，她的病床空下來。死了？不，她的家人把她接回家，連同那些書本跟娃娃。巴布醫師無法阻止他們。又過兩個禮拜，他遺憾地宣布她死了。我忍不住掉眼淚，他說：「夫人，別放在心上，她註定活不了。」可是我感覺她的家人帶她回家，是為了那個娃娃和那些蠟筆。或許我沒有害死她，也或許是我讓她的死期提早降臨。

德里的來信令我雀躍，信上說有一位達斯小姐會在兩個禮拜內來阿薩姆參訪。對方很樂意免費發送物資並替勞工上一堂生育計畫的課，教材也自備，問我能否讓她借住一晚。

曾去西里西亞（Silesian）[3] 傳教的詹姆斯神父也預計在同一天來我們這裡待一晚，麥克預見到時候肯定會有些摩擦。我們沒料到達斯小姐如此滿懷熱忱，進門不到十分鐘，她已經在茶几上擺出好幾樣圓形橡膠製品讓我們端詳。詹姆斯神父風度翩翩、幽默感豐富，聽到達斯小姐向我們問起勞工的性愛習慣時，他對我眨眨眼。麥克表示他們來自不同種姓階級，可能有不同的習慣。詹姆斯神父提議，既然我們都一無所知，就該讓上帝來處理這件事。這時達斯小姐攤開掛滿手環的雙臂引用一連串數據，顯示印度的人口爆炸到什麼程度：光是現在這一分鐘內，就有五十萬人受孕。

「我想現在婦女們都忙著煮晚餐。」詹姆斯神父說著，看看手錶。達斯小姐哈哈大笑。她承認，他們一個神職人員、一個未婚女子，其實對這檔子事不太瞭解。因此，她帶來一份問卷，請麥克跟他的員工在明天中午她離開前填完。麥克稍後翻閱問卷，懷疑有多少人看得懂每行都會出現的「交媾」這個字。我認為達斯小姐很厲害，也很勇敢；一個印度教單身女性帶著保險套四處宣導，實在是太了不起了。「妳別效法她。要是我妻子是個賣保險套的旅行業務，我肯定會被開除。」麥克說。

即便心裡有些抗拒，麥克還是在隔天早上召集員工，在只擺上金盞花和麥克風的露天場地開會。只有女性能參加，達斯小姐和我各說了一番話。麥克風前擺了張展示桌，上頭陳列她要介紹的用品。我負責開頭，跟她們說因為我只有三個小孩，所以我能住在大房子裡、開車到處跑。這個因果關係毫無邏輯，說出來誰都不信。我猜我的英文被翻譯成不太一樣的內容，才讓這些發言更有道理一點。達斯小姐描述她這些橡膠產品的用途，並豎起一張大海報，上頭印著陰莖和睪丸，介紹針對男性的手術。場內氣氛凝重，沒有人發言，之後聽講的婦女排隊領取試用包。麥克說隔天有一堆橡膠小氣球滿天飛。

我不太悲觀，可是到最後接受絕育手術的女性用一隻手可以數得出來，只有我的廚師做了輸精管結紮（目的是討好我）。我認為成效不彰的主因是無知：從沒讀過報紙、沒用過無線電的粗工，怎麼可能知道自己的身體機制？她們怎麼會瞭解控制家庭人數的道理？教育是第一要務。等我們輪休回來，我要從教育開始下手。

我的計畫在一九六二年被大舉入侵阿薩姆的中國軍隊打斷，婦孺搭飛機到加爾各答避了幾個禮拜的風頭。我們真以為把腳掌塞進小鞋子裡，就自然會成為中國人的小妾？還是說，同為黃種人的中國人跟二十年前的小日本一樣（儘管他們現在畏畏縮縮的），要讓我們見識殘暴邪惡的獸性？當時我很怕，不過對我們的「逃離」深感羞愧。我們完全不顧當地的勞工或居民，他們沒辦法跳上運輸機一走了之。許多茶園經理將保險箱鑰匙交給領班才離開。茶園就算沒有他們也如常運作，保險箱安全無虞。

那時我的教育計畫已經開跑。根據法律，茶園要提供小學教育，接著由國家讓孩子讀到十年級，有機會上大學。我們的工人中約有一千名兒童，上小學的人頂多只能坐滿跟我家起居室差不多大的房間。孩子們坐在地上，捧著寫字石版複誦課文。人數不算多。雖說僱用不到十二歲的孩子是非法行為，但沒有人要求他們出示出生證明，而且他們能做的事情不少，比如說照顧年幼弟妹、割草、挑水等。無論受教育與否，他們的家長看不見他們在茶園以外的未來。我可以訂購彩色黏土跟課本，但他們仍舊不會接近這些東西。

中學比較有希望。學校裡有好幾間教室，還替美勞工藝課新蓋一區校舍。校長承認這一區從沒使用過，僅是為了提升學校的等級來給教職員更好的薪水，但還是沒錢僱用美術老師或買教材。啊。機會來了。我就來當個免費的美術指導員，兼作英文老師。校長說我人真好，以一段演講和金盞花花圈迎接我。花瓣黏在我脖子上。鐵皮屋頂下的教室熱得讓人窒息。

美術教室中央有張大桌子，我發給學生一大塊黏土跟少許粉末顏料。沒過多久，桌邊出現五六根香蕉。我要四年級（大約十二歲）的學生用黏土隨意做點東西，他們不約而同地揉出香蕉。隔天，桌上又多了六根香蕉。校長視察這堆陽具象徵物，說課外活動成效斐然。他問孩子們接下來想做什麼，大家異口同聲地說要做弓箭。這可要準備大量竹子跟鋒利的小刀，可行度不高，於是我帶來拉菲草紙線（raffia）和更多顏料。我們做了毛線球，修課人數銳減。

英文課的效果好多了。我教五年級文法，以及十年級的《馬克白》跟作文。孩子們來自不同村子，教職員全都不是相關科系出身。女學生梳得油亮的辮子綁上漂亮的粉紅色緞帶。有些男學生留著大鬍子，看起來幾乎三十歲。他們都很聰明、滿懷熱情，專心享受我在文法課上帶的遊戲。《馬克白》比較麻煩——要如何解釋貧瘠曠野或其他深奧的臺詞？我抑止他們抄班上資優生作文的壞習慣，並要每一個人寫不同題材。我要他們寫「我怎麼過星期日」或是「我的祖父」，讓他們往自己的生活取材。這是我在阿薩姆最快樂的時光。

校方看我有興趣，邀請我參加演講活動跟頒獎典禮。坐在滯悶的帳篷裡聽牙齒掉光的老頭子對不靈光的麥克風說話，稱得上是酷刑。學生收到的獎品是破破爛爛的小書冊，還有大量點心跟熱茶傳來傳去、茴香子被咀嚼著，持續了好幾個小時。

有時候會請到貴賓蒞臨，其中一位是教育部長。他極具個人魅力，跟我說他有意成立童軍與女童軍，但我對此興趣缺缺以致他顯得相當失望。當我表示我不想當女童軍、從未學會拿火柴生火時，他看起來滿心困惑。會面後，安排給他的公務車遲遲未到，我們坐在路旁硬梆梆的椅子上等我的車。「看來我是擱淺在此了。」部長語氣愉快，向我透露他博士論文的題目，他希望去英國做進一步的研究。太陽西沉，五顏六色的鸚鵡嘎嘎叫著飛回山丘上，沒有任何一個茶農嘴巴裡吐得出那天傍晚的對話。

某天，麥克帶了一封信回家，讓我們笑了好久。那是一封情書，文筆優美，邊緣滴上淚滴般的藍色墨水。我看得懂信中滿是濃濃愛意、毫無害處，也不帶異樣暗示。可是麥克說他的員工氣炸了。領班的女兒從同學手中收下這封信；誰都知道那個窮苦的村莊少年出身卑微，就算求上千萬年也沒有機會追求她。

此外，那名少年安排跟那個女孩偷偷約會，還帶走了三把傘。沒有人知道這是為了什麼，但可疑的猜測滿天飛。過了幾天謎題終於解開，經過全體員工的交叉檢驗，他坦承說會帶走傘是因為外頭的雨有夠大。聽麥克轉述這件事時，我笑翻了，可是看來領班一點都不開心。他要求校方將少年退學，別讓他玷污其他女孩子。

我發現始作俑者是十年級那個作文讓大家抄的資優生，他即將面臨期末考和大學入學考試，我懇求眾人原諒他。他的人生會因此毀滅，懲罰遠遠超出他的罪行。說真的，他究竟犯了什麼罪？我以為經理之妻的言論能推翻領班的提案，可是我錯了。我既挫折又痛苦，不再去學校幫忙。幸好不久之後換我們輪休，讓我有空平復心情。

我們回來執行退休前的最後一期勤務。現在的印度是截然不同的國家，我看得越來越透徹。我看見勞工住在骯髒破屋裡、婦女貧血、孩子沒受教育。我看見醫院裡只是擺滿病床，沒有護士、沒有提供所需的飲食，兩個禮拜來視察一次的醫師甚至也不會問患者感覺如何。唯一的學校只有牆壁跟屋頂，單調乏味且設備不足。我開始對麥克叫罵：「公司不是賺很多錢嗎？為什麼沒有回饋一分一毫？什麼都沒有。」我繼續大聲嚷嚷：「連個足球場都沒有，連載居民去附近城鎮散散心的公車都沒有！」他認同我說的一切，但問題出在體系上——他聽公司的命令，公司聽國際貿易管理局的命令。目前他們正在吵要多蓋一條產線，但八成只會迴避問題。

我仍舊深信教育是關鍵。無知令人無助，沒有未來。我夢想能打造一所模範學校，請來國際志工擔任老師，任何階級背景的人都能就讀。等董事長來進行冬季視察，我就要找他談一談。麥克裝出煩躁鄙夷的語氣，模擬董事長的說詞，像是「夫人，我們不是做慈善事業的」、「親愛的，這事還輪不到您費心」還有「要付那麼多該死的稅金，現在我們得勒緊褲腰帶，而不是花錢亂蓋房子」。

唉，正如他的預料。董事長說：「時局不太樂觀，本公司沒有餘裕經營慈善事業。夫人，我們就是沒有閒錢啊。」我努力忍耐，才沒有質問他跟他家夫人每年冬天搭頭等艙到香港或檳城出遊的閒錢到底是從哪來的。我對他說阿薩姆的茶葉產業有百年歷史，卻沒有留下半點值得紀念的東西，而蓋一棟宏偉的學校能補上這個缺憾。他靠過來，拍拍我的膝蓋，建議我往這顆漂亮的小腦袋裡裝滿其他茶農妻子在想的事情就好（像他太太就忙著插花、刺繡）。麥克對我眨眨眼，替自己和董事長各倒了杯琴酒。

我找上阿妮瑪，在她家庭院安排聚會，邀請我們想得到的有錢人——大多是馬爾瓦里人（Marwaris），他們在世界各地的銀行存了大筆財產。眾人上臺發言，大家都對這個值得稱許的計畫興致勃勃，提供各種方案、討論要在哪裡蓋學校，連校名都由最有錢的馬爾瓦里人決定。然而我遲遲等不到進一步的發展。聽麥克說這是稀鬆平常的事情，我對他破口大罵。我們的婚姻受到我接二連三的失敗計畫凌遲著。

阿妮瑪和我四處造訪村落，為了我開始撰寫的書收集民間故事，閒暇時間則看人打馬球、找朋友吃飯。如此雙面人般的生活對我來說負擔太大了。某天我坐在陽臺上，恐慌突然將我壓垮。周遭糾結的植物看起來好危險、帶著劇毒，所有的東西都染上毒素。我不斷洗手，想要抵擋毒素的侵襲。不只是恐懼，我還感到疼痛，醫生開藥給我，還叫我去醫院接受治療。在痛苦與恐慌之間的空隙，我眺望美麗的庭院——看著冠藍鴉窩在草坪上，展開藍色扇子般的翅膀曬太陽；看著白鷺每天午茶時段來此飛舞；看著金黃鸝在鳥兒的水盆裡喝水；看著蜂鳥貼著蘭花高速鼓翅。員工聽說我要早麥克一步回英國，紛紛來向我道別，我流下苦澀的淚水。在阿薩姆的生涯，就這樣劃下屈辱的句點。

四年後，阿薩姆公司收掉大部分的產業；所有的歐洲經理都離開了，茶園賣給馬爾瓦里人。對大部分人來說，他們度過了美好的時光。他們的妻子也是，日子舒舒服服、趾高氣揚，全然不顧學校、醫院、生產線上的工人，現在看來真是明智之舉。她們不會因為挫折生了心病，坦然享受溫暖的氣候、僕人的服務、愉快的網球賽與豪華的平屋。她們開心，她們的丈夫也開心。

在當代作家筆下，接管茶園的印度經理繼續「吹噓殖民地生活型態」。每一個人都是公立學校出身，例如印度北部的杜恩公學（Doon School），腦中填滿了跟以前的我一樣的無用知識。他們在課堂上看著舊地圖，吸收著由退休殖民官員寫下的帝國歷史。他們的教育程度比大部分歐洲茶農還要好，但也同樣心懷偏見。

不過呢，二〇〇二年十一月我拜訪了南印喀拉拉邦（Kerala）幾處塔塔茶業（Tata Tea）的工廠，發現當地工人居民的狀況，比上面描述的好上許多。

第一部

著魔

02 關於這個癮頭

照例，面對外國菜餚，英國人連嚐一口都不願，以作嘔的眼神盯著大蒜和橄欖油。少了茶和布丁，人生可說是淡然無味。

——喬治．歐威爾，摘自評論集《英國人》（*Collected Essays*）

在奇卜林的「自然神學」中，七天不喝茶便覺天地變色。

——《每日電訊報》（*Daily Telegraph*），一九三八年

茶是一種癮頭，但與其他成癮物質截然不同。它溫和許多、在全世界的勢力範圍更廣，要捨棄喝它的習慣相對容易。說來奇怪，這種癮頭其實不錯，而且上癮者與其他人之間的差異不大。是的，茶葉征服世界是多麼成功，以至於我們完全沒察覺到這事已經發

生。茶的地位接近水和空氣，許多人將它視為理所視為的存在。

數千年前世界上還無人喝茶，只有東南亞叢林裡的少數部落居民會咀嚼茶葉，是最接近喝茶的行為。兩千年前，茶是某些宗教人士的飲料。一千年前，客群擴大到數百萬中國人。五百年前，世界上超過一半人口將茶當成水以外的主要飲品。

在接下來的五百年內，喝茶的習慣擴展到全球。到了一九三〇年代，茶葉產量足以讓世界上每個人一年喝兩百杯茶。如今，茶比任何一種食物或是水以外的飲料還要無所不在。每天都有數百億杯茶水進到人們的肚子裡。英國每天消耗掉一億六千五百萬杯茶，平均一個人喝三杯以上，可以說英國人攝取的水分有四成是茶。茶在全世界的消耗量更是抵得過其他飲料——包括咖啡、巧克力、可可亞、氣泡飲料、酒精類——的總和。

為什麼會發展到這一步呢？在各種飲料迅速拓展勢力的同時，帶給這個世界什麼樣的影響？

茶後來成了首個真正在全球各地引起迴響的商品。從各個角度來看，水是這個世界的主宰。人體裡大半成分是水。每個人每天需要攝取二至四品脫的水才能過活（份量依氣候、工作性質、體重而異）；一半的水分來自食物，另一半則是各式飲品。也就是說，除了空氣，水是人類賴以生存的首要元素，比任何事物都還要重要。

長久以來，許多地方的人們喝著沒有加料的水，至今仍是如此。數萬年前忙著採集打獵的人類無法抵禦飲水帶來的疾病，但危險性沒那麼高，人口仍舊緩慢增加，往各處移動。人類學會拋棄糞便和其他可能有害的髒東西，水源基本上還是乾淨的。迅速演化的有害細菌主要還是住在其他哺乳類身上。

固定的聚落大約在一萬年前出現，許多疾病開始在人口密集處萌發。瘧疾、流行性感冒、結核病等「現代」疾病成了致命殺手。當時水源受到污染，特別是在城市裡和人丁鼎盛的鄉間，疾病藉由飲水擴散。隨著中國等大型文明誕生，疾病的危險性越來越高，這讓疾病的影響在兩千年前便隨處可見。

儘管水沒什麼滋味，但由於成本低、補充迅速，因而稱得上是理想的飲料，只是其危險性在世界各處日漸高漲。那麼，在接下來的兩千年間，是什麼東西代替水帶著人類走到今天，讓人口從原本的兩億出頭膨脹了超過三十五倍？

想到最簡單的全民飲料，許多人腦中或許會浮現鄉間部落給牛羊擠奶的畫面。奶類在某些區域確實相當重要，不過用奶類來取代水會有幾個問題。首先是便利性與成本。擁有可觀的土地供牲口放牧，才有辦法取得足夠的乳汁，而全球僅有西北歐、中亞、喜瑪拉雅山區局部、印度和西非某些區域能發展出大型酪農業。

此外，奶類通常是極度危險的物質；裡頭滿是細菌，有些甚至能奪人性命，直到近年才有所改善。大量的脂肪，是許多水裡找不到的微生物的理想繁殖地，包含牛結核菌這類特別喜歡待在乳製品中的壞傢伙。如果你想嘗試離開牲口身體幾個小時的未加熱奶類，你很快就會發現它有多致命。一直到大約一百五十年前，路易・巴斯德（Louis Pasteur）[1]發現殺死細菌的方法，奶類的飲用才在人口密集處擴散開來。我們早已忘記潛藏在奶類中的危機，或是把動物乳汁擠進我們嘴裡的怪異感。

將奶類排除在外有另一個原因：並非每個人都喜歡或是能夠喝它。奶類有個特殊的地方，即用來消化它的酵素並非自然存在於斷奶後的人體內，這讓我們得要經過調適才能接受乳製品。假如斷奶後的孩童沒有持續攝取足夠的奶類，他們會出現乳糖不耐的症狀。因此，喝牛奶或食用起司、奶油等乳製品確實會讓許多人身體不適，這在沒有酪農業的地區相當普遍。

想像一下你正在設計能征服全世界、讓大家都滿意的飲料，它會需要什麼特性？成本和便利性是最重要的元素：一定要夠便宜才能供應給相對貧困的人們，而它的來源也應該要容易栽種、適應多樣氣候和地形。能利用的部分越多、採收的頻率越高自然是更好，還要能輕易運輸儲藏。

這種飲料也該讓人**想要**主動攝取。或許該是甜的——擄獲人類味蕾的重要條件。可是，並非所有飲料都是甜的，有些更著重於勾起飲用者的愉悅感知。此外，它一定要清新爽口、提神醒腦、放鬆身心。當然也要安全——把飲料當成媒介的危險微生物太多了，能取代清水的飲料必定要相對乾淨，才有機會吸引大量客群。

最後，若這個「奇蹟飲料」將成為主要的水分來源，必須要真的能解渴；一天能喝下一兩品脫，卻又不干擾工作與專注。

有一種具備解渴潛力的飲料隨著人類聚落出現。將穀類和果汁放到發酵，有時加入酵母或其他物質加速這個過程……是的，就是啤酒跟水果酒。

啤酒種類繁多，在世界史上扮演重要角色，但終究無法取代水。其中有個問題：搗碎的穀類和發酵物質經過加溫，成了細菌滋長的理想環境（雖然當時無人知曉背後原理），很快就會變味。為了對付這個缺點，經過多次意外和實驗，人們發現在釀造過程中加入某些植物，就能在阻止啤酒腐敗的同時改善風味，替啤酒添加香氣與口感。

這是古埃及人發明的技術，原本可能是用來製作麵包。某種數千年前在北歐生長的爬藤植物——啤酒花——特別有效。古日耳曼人以啤酒花釀造啤酒。現在我們知道，那股刺激苦味源自其中的防腐物質。這種物質的成分究竟摧毀了什麼？直到巴斯德決定拿啤酒花和啤酒來寫博士論文，這些謎題才有了破解的機會。只要能解開這個謎團，就能為科學家帶來莫大財富。

啤酒的優點（特別是英國人口中的溫和版「淡啤酒」）就是可以整天飲用，也不會讓人醉得太厲害。它的酒精濃度很低（大約二至三%），不僅成年男性能安心飲用，女性和小孩也可以嘗試。雖說啤酒不甜，但許多人欣賞他的滋味，也獲得微醺的快感，符合奇蹟飲料大部分的條件。而且它相對衛生，似乎沒有致病的可能。

然而啤酒有個重大缺點：要擄獲全世界人的心，得消耗大量的麥芽、啤酒花、穀類——十七世紀英國境內有一半的穀物都用來釀啤酒了。即便啤酒能有效提供維他命、碳水化合物和蛋白質，但也要像英國這樣運氣夠好，才能在耗掉一半穀物釀酒時，依然剩下足夠的穀物來做麵包。或許某些村落會拿葫蘆釀造啤酒，但是農耕技術不夠先進的地區真的無法長時間拿啤酒來取代水，因此啤酒的成本成了它最大的阻礙。

水果酒也是個選項。葡萄在歐洲是釀酒大宗。未發酵的果汁原本無法久放，但由於柔軟的果肉富含水分且果皮帶有防腐抗菌物質，這在水果酒熟成的過程中能阻止有害細菌滋生，不讓酒餿掉。

可惜水果酒有兩大缺點，使得它難以獲得更高的市占率。基本上，水果酒的酒精濃度比啤酒高出兩三倍，約有一〇到一五%。即使酒量再怎麼大也無法成天靠酒過日子，喝個二到四品脫就會醉倒、口乾舌燥。當然可以加水，酒的殺菌保護力有些許淨化功能；份量要拿捏得當，稀釋得太淡就失去它的魅力了。

第二個問題是，釀造水果酒需要廣大的土地和足夠的人手。要得到足以供應全國需求的水果酒，必須種植大片果樹，而這會排擠農牧用地。同時也要投入大量勞力，特別是在採果、壓榨的階段；大半人力都被釀酒綁住了，而且還得提供他們伙食。跟啤酒不同，水果酒的製程難以機械化。反觀釀啤酒跟做麵包的穀類可以運用同樣的工具——獸力、風力、水力——再加上先進的收割機器，投入相對少數的勞力就能達到大量生產的目的。

或許還有其他原因，總之沒有任何一個國家（即使是法國或是義大利）曾將水果酒當成全體人民的主要飲料，就連上流階層也無法毫無節制地飲用。一直到十九世紀，一般人還是以水為主，搭配少量水果酒（法國北部跟德國可以找到用梨子和蘋果釀造的酒）。

還有蒸餾酒。發酵過的穀類用水煮沸，藉由蒸發提高液體濃度，如此便可打造無菌的環境。微生物死於高溫，不會乘著水蒸氣飄散。所有的蒸餾酒，比如說日本的燒酒、尼泊爾跟圖博（即現今廣義上的西藏）的小米酒、蘇格蘭和愛爾蘭的威士忌，這些都沒有細菌和其他感染源的問題。可惜，若是喝下足以維生的份量，你會醉得爬不起來。此外，蒸餾酒在製造過程中要消耗可觀的能源，最後的產物卻相對稀少。烈酒在娛樂或是宗教層面來說廣受歡迎，但要作為滿足人類生理需求的完美飲料，那門檻有些高。

最後就是將植物局部泡水的產物。通常是將採集到的部分泡進滾水或熱水中，釋放出植物中的活性成分。目前有三種主流的沖泡飲料。其中兩種是巧克力和咖啡，將植物的果實或果仁磨碎後加水沖泡，不加糖的話滋味苦澀。它們在現今的富裕社會中深受歡迎，但因為製造巧克力有一定成本，而傳統咖啡的咖啡因含量極高，因此這兩者都無法取代水。

第三種沖泡飲料用的是植物的葉片、花瓣或果實，它們都歸在「茶」的範疇內。在茶葉之外尚還有無數變體，花草茶就是其中之一。真正的茶葉來自茶樹（*Camellia sinensis*），能完美達成上述諸多條件：成本低廉、產量高（六個禮拜就能長出新葉）、生長區域跨越廣大氣候區（從中國內陸到東非都種得出茶樹）。只要幾片葉子就能泡出一壺好茶，還可以回沖。乾燥的茶葉很輕，便於儲藏。它們沖泡簡易，也能激發人們的玩心，打造儀式感。喝茶幾乎不用冒任何風險，甚至還有人深信茶有益健康。它的魅力是能讓飲用之人感到既來勁又放鬆，樂觀而專注。它的性質溫和，就算喝上一整天也不會有半點負面效果。

正因如此，茶一直都是征服世界的種子選手。過去兩千年來，它的領土不斷擴張，成為歷史上最厲害的癮頭。「茶優於酒，因其不具中毒性，也不會令人酒後亂性，酒醒時後悔不已。茶也優於水，若是水中夾帶腐敗物質便會致病，茶則無此缺點。」[2]英國史學家傑森．古德溫（Jason Goodwin）曾在其著作《火藥花園》（*The Gunpowder Gardens*）裡，闡述中國傳說中神農大帝曾如此評論茶。

03 翠綠茶湯上的浮沫

這種植物成名的歷程恰如真相；雖然對有勇氣嘗試的人來說非常順口，但一開始會受到大眾懷疑。剛引進時遭受抵抗、名氣傳開後被人濫用，最後終於成功，從宮殿到村落都為它喝采。唯有不懈的精神才能歷經長久時光，顯露其美好本質。

——英國作家艾薩克・迪斯雷利（Issac D'Israeli，1766-1848）

沒有人知道茶樹最初種植的時間和地區，也不確定它的來源，甚至無法斷定它是在什麼時期、被哪些人訓化的。我們只知道茶樹在喜瑪拉雅山脈東部叢林中的某處，以令人訝異的速度演化成現今的樣貌。群山聳立在熱帶低地上，氣溫和微氣候差異極大，再加上季風撞上山脈時帶來全球首屈一指的降雨量，使得這個區域擁有全世界最豐富的植被種類。

茶樹的葉子，一開始有可能被猴子與其他該地原生哺乳類動物拿來咀嚼。智人（*Homo sapiens*）的活動範圍大約在十六萬年前，拓展到有茶樹生長的那個區域。或許是看著猴子有樣學樣，早期居民開始咀嚼茶葉，發現它能激勵身心、放鬆精神，幫助他們完成粗重工作、翻山越嶺，以及穿梭在叢林間。確實，至今還有人為了這個目的咀嚼茶葉。瑟琳娜・哈迪（Serena Hardy）曾於《茶之書》（*The Tea Book*）提到，突厥斯坦人咀嚼茶葉是為了「減緩食物短缺時長途跋涉的疲憊」。[1]最早在叢林裡落腳的人或許也發現，以茶葉摩擦傷口，或拿磨碎的茶葉敷在傷口上包紮起來能加速癒合。近年紀錄指出，緬甸的那加族、撣族（Shan）、克欽族（Kachin）以及鄰近山區的原住民，也會把茶葉當傷藥用。茶葉具備提神與療傷的功效，使得會咀嚼茶葉的人類和猴子擁有競爭優勢。數千年來，茶樹與哺乳類分布的區域雷同，或許是因為哺乳類透過食用、使用茶葉，在無意識間助長了茶樹的擴散。

我們對茶有個既定概念：用熱水沖泡茶葉的產物。然而，把葉子丟進滾水並不是很直覺的作法，也絕不是猴子和其他最早食用茶葉的哺乳類動物做得到的事，更別說讓人類效法了。因此，與茶葉有關的最早紀錄，自然多半是描述泰國北部、緬甸、阿薩姆和中國西南部等地區的森林居民會嚼食茶葉，而非喝茶。緬甸、泰國北部與雲南的原住民，至今仍然會將野生茶葉蒸燻發酵後製成茶磚，直接咀嚼。[2]從早期探險家針對那些區域居民的習俗描述中，我們可以窺見茶葉用途的多樣性。「暹羅（即泰國）北部的撣族將稱為 miang 的野茶樹葉或蒸或煮，用模子壓成球狀，搭配鹽巴、油、大蒜、豬油、魚乾食用——此習俗由他們的後代承繼。」一八三五年，某位作家描述緬甸邊界的景頗族（Singpho）和康提族（Kamtee）飲用野茶葉沖泡的飲料，作法是「把葉片剁碎、挑掉葉梗和纖維，再用滾水燙過、壓成球狀曬乾備用」。這些習俗延續至今，成為緬甸的醃茶料理（letpet），算是一種茶葉沙拉。「當地人民長久以來會將叢林裡採集到的茶葉煮沸揉成團，拿紙張包裹或塞進竹筒裡，在地下倉庫發酵幾個月。最後挖出成品，當成婚宴和各種慶典上的豪華佳餚。」[3]

接著有人發現茶葉能用熱水沖泡——相傳有片茶葉碰巧落入熱水中——茶被當成飲料的比例越來越高，這股熱潮流遍中國、傳入圖博和蒙古，往中亞蔓延。然而，當茶葉來到高緯度地區時，它的調製方法就更接近食物一點——與糖和犛牛奶製成的酥油混合成濃稠茶湯，或加入其他食材中使用，類似喜瑪拉雅山脈東部原住民最初的作法。

數千年前，喜瑪拉雅山脈東部和中國西南方居民，開始拿這個充滿魅力的樹葉與鄰近山區部落交易。而後，茶葉漸漸延伸到有大量文明聚落的中國內陸。

早在西元前四世紀，中國就有各種與茶葉有關的傳說故事。中國商人引進茶葉和其他山林產品，發現禪寺與道觀是傾銷商品的好去處。幾乎所有高人都喜愛能提升修為的「丹藥」或「草藥」，這幫助他們在靈性層面爬上頂峰，鞏固在人世間的地位。

中國主流宗教——道教和佛教——都受到這種植物的吸引，且茶葉能提升專注力、抵擋睡意、有助冥想。許多佛教徒將茶奉為萬靈藥，某些派別認為喝茶是散步、餵魚和打坐之外，能讓他們沉浸在內心世界的途徑。

問題是，茶葉生長在遙遠的山林裡。於是他們移植茶樹、改變它的形體，把挺拔的樹木化為方便採收的灌木叢。這不容易，可中國寺廟的財力和人力克服了各種阻礙。

栽種茶葉的早期紀載較少且鮮為人知，十九世紀末的日本文人岡倉天心在他的著作中將其妥善彙整。

茶樹，中國南方原生作物，數千年前已聞名植物學和醫藥領域。在古典作品中，茶又稱為茶、蔎、荈、檟、茗，擁有緩解疲憊、提振精神、增強意志力、修復視力等功效，享有盛名。茶不只供內服，也常做成藥膏來對付風濕痛。道教徒主張其為不老不死仙丹的重要成分，佛教徒則透過廣泛飲用茶水，在漫長的冥想中抵擋睡魔。4

在中國西南方經歷第一次人工馴化後，一直到西元五世紀，茶樹大多生長在禪寺管理的園地上。它被視為藥草，與各式各樣的中藥材一同種植。經醫藥專家研究，茶被分成不同種類，用以對抗頭部、心臟、肝臟和腸胃等部位的疾患。

茶不只能治病，也是美味的提神飲料，更對身心均有益處，就算不是修行者也能飲用。到了四 五世紀，茶已是長江流域最受歡迎的飲料。這個神奇飲料大為流行，漸漸形成全世界最大的國內市場。在唐朝（602-907），茶葉擴散到大部分的中國領土。八世紀時，第一本介紹茶的專書——陸羽的《茶經》——問世後，它的熱門程度更上一層樓。這部傑作篇幅不長，是千年來茶商和喝茶者的聖經，描述了製茶步驟和品茶要點。全書以「茶者，南方之嘉木也」開頭，介紹茶樹的最佳生長環境、應該要採收哪些葉片等知識。

茶之為用，味至寒，為飲，最宜精行儉德之人。若熱渴、凝悶、腦疼、目澀、四肢煩、百節不舒，聊四五啜，與醍醐、甘露抗衡也。[5]

在中國人還無法取得茶葉時，他們運用不同的原料沖泡飲料。

中國中部和西部山區有許多受雇的貧農，他們幾乎沒嚐過真正的茶味。在湖北省西部，人們會將幾種野梨和野蘋果的樹葉混合在一起，當成茶葉賣到沙市。這類葉片能泡出深棕色飲料，爽口解渴，在當地被稱為紅茶，是西部地區窮苦人家常喝的茶。[6]

假如手邊什麼都沒有，中國人會喝熱開水，並想像那是真正的茶。這也稱作「白茶」。

中國種出了種類繁多的茶葉，並賣到遠地去。某些類型以其藥性為人稱道，特別是滋味苦澀的茶。

在四川的大型中藥行，以及帝國各地都買得到一種「普洱茶」……這種茶生長在雲南省……味道很苦，是著名中藥，能紓解消化和神經問題。它也進入圖博的富裕喇嘛圈裡，藥性深受推崇。7

到了唐朝，這個安全又爽口的飲料在迎合眾人需求之餘，也獲得了文人雅士的支持，崇拜者紛紛效仿。中國人口大約於八世紀時往南移動，在長江中游盆地的豐饒地區落腳繁衍，種下當時改良出的奇蹟作物：水稻。北方過去種植的麥和黍還能用來釀酒，且人口原本就不多。隨著人口急速成長，城市規模擴大、空間吃緊，所有的土地都得拿來種稻。

言歸正傳，茶也刺激了中國瓷器的製造發展。製茶、品茶型態的轉變反映在每一個時期的瓷器風格上。岡倉在書中探討了不同瓷杯的優點：

眾所皆知，中國瓷器的起源是嘗試重現玉的獨特色澤，因此在唐朝「南有青瓷，北有白瓷」。陸羽認為，讓茶水更顯碧綠的青藍色是茶具的理想色調，而白瓷會使茶水呈現看起來不太美味的淡紅色，這是因為他使用的是茶餅。到了宋朝，品茶人開始使用粉茶，偏好質地厚重、深藍色和深褐色的杯子。明朝沖泡散茶，故輕盈的白瓷在這個時期大受歡迎。[8]

岡倉以更宏觀的眼光，推測茶葉型態與中國文明的時期變遷息息相關：

就像對葡萄酒的喜好能展現歐洲各時代與民族的特質，茶的理想型態也展現出東方文化的萬種風情。烹煮茶餅、將茶粉打出泡沫、沖泡茶葉，不同的作法呈現出唐、宋、明的風貌。若是借用陳腔濫調般的藝術風格術語，或許能給它們套上古典派、浪漫派、自然主義派的頭銜吧。[9]

茶在中醫領域的地位越來越高。比方說李時珍在一五七八年撰寫完成的《本草綱目》中，就記載茶葉能「下氣消食、解酒食之毒、治泄痢、破熱氣、清頭目，外用還可治痘瘡」，也建議「飲食後濃茶漱口」。[10]

為廣大中國市場生產出的茶葉越來越多，茶商開始往外開發客源。其中，最大宗的客戶就在鄰近的中亞地區高原，從圖博到西伯利亞的區域。

當地居民為抵擋酷寒氣候，數百年來喝的是水和牛羊奶。中國人拿這個令他們感到陌生的樹葉換得農牧產品。這些人把茶葉與牛、羊奶和奶油混合在一起，飲用後覺得精力大增，給予他們對抗高原極端環境的保護。

茶磚貿易沿著絲路與許多途徑拓展，從中國西南方來到西伯利亞，又從中國蔓延到中東的伊斯蘭文化圈。大部分商品都是藉由人力翻山越嶺才送達。大約在十二世紀，茶磚散播到各處，成為中亞許多地區偏好的貨幣。茶葉完全能發揮與金錢同等的功能：本身富有價值、是交易的媒介、能展現持有者的財富。此外，它的重量夠輕，能壓製成統一規格，還有金屬貨幣和紙幣無法匹敵的優點——人在身處絕境時能把它當應急食物或飲料。在絲綢之外，茶葉成了另一項草原游牧民族想從中國人手上得到的物資。

作為貨幣，除了上述種種優勢，威廉·哈里森·烏克斯（William Harrison Ukers）又列出一點：

中國的茶磚貨幣，幾乎跟茶葉本身一樣歷史悠久。在西方文化進到中國以前，這裡的人便已開始使用紙幣，但若要跟遙遠的內陸聚落交易，紙幣對那些遊牧民族就沒有太大用處。幣值不穩定的硬幣也同樣無用。可是茶葉——壓成塊的茶磚貨幣——不但是食材，也能拿來以物易物。一般貨幣往往流通越遠、價值越低，茶磚貨幣離產地越遠反而越有價值。最早是用牛隻的力量壓出的粗糙茶磚，現在已經由機械取代，硬度直逼花崗岩。11

直至今日，**茶磚依舊是中亞某些偏遠地帶的貨幣。**

大量的文獻記錄了這些高原地區（包含圖博）使用茶葉的方式，彰顯出這項食材的重要性。烏克斯在一九三〇年代這樣寫道：「蒙古人和其他韃靼部落將茶磚磨碎，用鹼性水、鹽巴、油脂烹煮，放進布袋擠壓，與牛、羊奶和奶油混合，搭配烤肉食用。」有時會搭配米和薑。作者認為，「酥油茶一直都是圖博人的常備糧食。每一個圖博人每天至少都要喝下十五到二十杯，有人甚至喝到七、八十杯。」[12]

接下來是威廉・摩爾克洛夫特（William Moorcroft）的詳細紀錄，這位十九世紀初期的獸醫兼探險家寫下他在圖博的見聞：「吃早餐時，每個人都喝了五到十杯，每杯份量有三分之一品脫；最後一杯喝完前會加入麥片，調成糊狀……到了午餐時段，經濟狀況許可的人家就繼續喝茶，搭配青稞餅與熱騰騰的青稞粥，裡頭有穀粒、麵粉、奶油和糖。」[13]

羅倫斯・瓦德爾中校（Colonel Laurnce Waddell）也注意到這種飲料的重要性，他在一九〇五年出版的著作《拉薩之謎》（*Lhasa and Its Mysteries*）中描述西藏人「一天到晚飲用這種熱奶油茶，質地其實接近濃湯或是肉湯……難怪它如此滋補；熱飲不只是冷天的美好誘惑，也降低了喝生水的危險性，畢竟這個區域的水源可能受到嚴重污染。」[14]

茶的營養價值同樣重要，特別是透過這個區域的烹煮食用方式。茶葉蘊含維他命、鎂、鉀等元素，若是直接沖泡會大量流失。此外，混入酸酪和蔬菜的茶葉，能大幅增添營養價值、促進維他命 C 的吸收，而茶葉也可能是乾旱區域的重要綠色蔬菜來源。

美國漢學家衛三畏（Samuel Wells Williams）提及茶葉中的另一個成分：

值得一提的是，茶葉與糧食作物有一個共同成分——穀蛋白，占茶葉總重量的四分之一。要攝取茶葉中最完整的營養素，我們必須將它吃下肚。高原地區大量使用茶磚，保留了這些元素。在中國遊歷的法國冒險家古伯察曾說他不習慣這樣的飲食模式，只是因為別無選擇，但替他牽駱駝的腳夫一天通常要喝上二十到四十杯。15

最後是眾所皆知的一點：茶能助人度過極端氣候，特別是寒冷。當茶葉傳到北美，愛斯基摩人成了忠實顧客。無論毛皮穿得多厚，茶和奶油的混合飲料給這些游獵民族帶來多一層的保護。

十五世紀時，喝茶習慣已深入世界各處：南至緬甸、北至西伯利亞，再從中國沿海地區到俄羅斯東部，大家都在喝茶。在日本，茶更是對文化與經濟造成很深遠的影響。

茶大約在西元五九三年引進日本。到了八、九世紀，茶葉大量輸入，日本人也開始種植茶樹，成為中國文化對日本的最大浪潮之一。與中國相同，茶樹原本歸為藥草並種在禪寺庭院裡，用來治病或幫助僧侶在冥想時保持清醒。此時期茶的使用範圍和影響層面，只存在於宮廷貴族和宗教圈內，似乎沒有照著中國的榜樣成為全民共享的飲料。

十二世紀末期，佛教在日本發展出幾支宗派。禪宗與其他宗派大興其道，僧侶實行嚴苛的苦修和冥想。一一九一年，榮西禪師（monk Eisai）從中國回到日本，帶來臨濟宗禪法[16]與綠色茶粉。榮西傳授茶樹種植、摘採、泡製、飲用的詳細建議，以將茶飲優點發揮到極致。文獻指出，「榮西也教導中國人製茶的手法：早晨露水沾染茶葉前採收，隔著紙張以文火烘烤（不能讓紙燒起來），最後儲存在壺裡並以竹葉塞住壺口。」不久後，品茶便成為深奧優雅的儀式，大大影響了日本的文化生活。[17]

榮西寫了上下兩卷的《喫茶養生記》，書中極力主張茶能治療多種疾病。「茶也，養生之仙藥也。延齡之妙術也。山谷生之，其地神靈也……古今奇特仙藥也。不可不摘乎。」接著是「五藏受味不同。好味多入……其辛酸甘鹹之四味恒有而食之。苦味恒無，故不食之。是故四藏恒強。心藏恒弱……我國與多有病瘦人。是不喫茶之所致也。若人心神不快，爾時必可喫茶，調心藏，除愈萬病矣。」[18]

榮西解釋道：「大國獨喫茶。故心藏無病、亦長命也。」不只是心臟，茶對其他身體器官也有好處，能驅趕睡意、治療肝臟和皮膚疾患等。他也舉出桑葉茶能對抗的五大類疾病，包括飲水病（即糖尿病）、中風手足不從心病、不食病、瘡病與腳氣病，並認為茶是治療各種疾病的良方。榮西的理念發揚光大的契機，是他把茶葉和著作抄本獻給當時的鎌倉幕府將軍源實朝（一二〇三至一二一九年執權）後，治癒了宿醉的將軍。之後，源實朝便深深迷上品茶，將喝茶的風氣擴散到全日本。

日本人對茶的癡迷就此展開。茶葉在世界上許多地區類似迷幻藥，讓巫醫更容易與神靈溝通或進入精神界域。它建構了隱居修行、抑制個人欲望的神秘核心，幫助修行者領悟虛無的境地。為了引出它最大的功效、釋放最多咖啡因和其他放鬆與刺激的物質，必須要讓茶以最純粹、最強大的型態進入人體——也就是把茶葉磨成粉，趁著新鮮盡快沖泡。同時也要以接近虔誠的心態來泡茶和奉茶，強調並放大對其神秘力量的信仰。就這樣，日本打造出一套深奧的飲茶儀式。一名老禪師就曾這麼說：「禪的滋味和茶的滋味一樣。」[19]

一三三六年開始進入室町時代，日本各階級人士都接觸得到茶。[20]路旁隨處可見茶屋或攤販。茶樹栽培容易，能把灌木修剪成便於採收的大小，產量很可觀（灌木的每一側都能長葉子）。除了遙遠的北方，日本幾乎各地都種得出茶。從許多角度來看，日本與茶樹的原生地極度相近，溫暖潮濕又多山，茶樹很快就適應了嶄新的土地。從十三世紀到十六世紀，茶樹建立起另一個帝國。

家家戶戶只要有點閒地就能種下一兩棵茶樹，照顧起來也很輕鬆；樹叢不但是漂亮的圍籬，還有食用價值。一兩片茶葉就能泡出爽口又健康的飲料，而且還能重複使用，很快便成為兼具經濟與休閒價值的重要作物。

說來神奇，為何茶的勢力版圖能拓展得如此迅速，征服性質完全不同的文化呢？主因在於它的製作和飲用方式。大部分的飲料在製作完畢後會盛裝起來，之後要喝時再直接從瓶罐、桶甕裡倒出來。這個動作很簡單、花不了幾秒時間，但難以趁著替客人調製飲料時進行太多互動，亦沒有什麼點綴或社交儀式。可以從「傳遞波特酒」[21]、開瓶之類的慣例看出人都有創造儀式感的欲望。然而，泡茶本身就是個精緻的儀式。

歷史學家認為，日本知名的茶道展現出飲食的高度儀式化。一名美國學者愛德華・摩斯（Edward Morse）在一八七〇年代訪日，瞥見日本傳統茶會的一小段光景：「簡單來說，茶會是主人邀請四名客人，在他們面前以特定程序泡好茶，將茶碗傳遞給客人。」摩斯接著描述茶會上扮演重要角色的道具：

> 首先，將茶葉磨成最細緻的粉末……每次都是在茶會前磨出新鮮粉末，通常裝在小陶罐裡，或是鑲嵌象牙的漆器罐子——這就是整套器材中的「茶入」。有時也會用上漆器盒子來收納。茶會中使用的重要道具包括用陶土製作的「風爐」（或是地板上的凹穴，裡頭填入灰，再放上炭）、用來煮水的鐵壺、纖細的竹製水杓、盛裝清水的闊口陶甕（鐵壺裡的水不夠就從這邊補）、泡茶的茶碗、舀出茶粉的竹製小匙、竹製攪拌器（形似打蛋器，淋上熱水的茶粉要用這個工具迅速攪拌）、方形絲巾（用來擦拭陶甕跟小匙）、放鐵壺蓋子的墊子（材質可能是陶、銅、竹節）、淺

淺的容器（用來盛裝沖洗過茶碗的水）、以鷹隼之類大型鳥類的三根羽毛製作的刷子（用來撣去火爐邊緣的灰）。最後是一個小籃子（裝著備用火炭和一雙撥動炭火的「火箸」）、兩個相連的金屬圈（用來提起鐵壺）、一張圓墊（用來放置鐵壺），以及裝著零碎香木的小盒子（點火焚燒會散發獨特香氣）。

一整套繁複高雅的儀式步驟圍繞著這些用具，以及傳遞接受茶碗的行為；從頭到尾可能要花上幾個小時，光是泡茶就能耗去一個多小時。摩斯這樣形容：「除了火爐跟鐵壺，所有用具都由主人鎮重地帶進來依序擺放，位置可能因流派而異。泡茶過程中，每一個動作都必須精確而慎重。」

光是主人端茶給客人的舉動就如此大費周章，不可思議。「對茶道一無所知的人會覺得這是意想不到的奇詭儀式。其中有許多環節看起來毫無用途……」然而，一旦深入探索，就能漸漸理解整套複雜的儀式、體會背後的深意。摩斯繼續寫道：

我上過好幾堂茶道課，發現除了少數例外，這套儀式可說是渾然天成，不須費力；參加茶會的客人起初或許有些拘謹，到最後都能放鬆下來。用具擺放位置、操作順序、泡茶動作，全都無比自然且輕鬆。輕輕擦拭陶甕、清洗茶碗後迅速將碗口抹乾淨、攪拌器在茶碗邊緣刷出細碎聲響……還有其他正式而奇異的步驟。不過呢，我們國度的正式餐會上，每一把餐具都有特定的使用時機，第一次參與的日本人想必也覺得同等地陌生費解吧。[22]

茶的特別之處，在於簡約的沖泡方式和背後蘊藏的精神，日本茶道大師千利休在十七世紀早期將其彙整，串連成完整的優雅儀式。茶道涵蓋了收集炭火、燒水、沖茶、待客等。單純的設備加上單純的舉動，但也需要專注與技術。從等待水滾的時間到沖泡的程序，其中充滿讓人揮灑創意品味、令旁人驚豔的空間，賦予泡茶深奧的美感價值。

透過千利休流傳下來的七條規矩「利休七則」，可以瞥見茶道的內在意涵：

1. 沏茶要適口合宜
2. 花飾要如原野中的花一般自然

3. 煮水時的添炭方式要適當
4. 茶室必須保持冬暖夏涼
5. 要提早做準備
6. 非雨天時仍要備好雨具
7. 體貼同席賓客

岡倉覺三在一九〇六年出版的《茶之書》中，精妙地寫出茶在日本文化中的演進及影響：

茶一開始是藥物，而後成為飲料。在八世紀的中國，這種高雅的娛樂已經進入詩歌的領域。到了十五世紀，茶在日本地位崇高，成為一種宗教美學，也就是茶道。茶道是以崇拜存在於日常生活中的美感為基礎所發展出的儀式，教導人們純粹與和諧、相互敬愛的神秘感、社會秩序的浪漫主義。它的本質是對「不完美」的信仰，在無法完滿的人生中以溫和的態度獲得可能的成就。

他說明茶、宗教、文化是如何相互結合。

茶的原理並非一般人心目中的審美主義，它表達了倫理與宗教，還有天人思想的綜合體。它是衛生學，強調潔淨的重要性。它是經濟學，展現簡約的安逸，而非複雜奢侈。它是一種道德結構，定義了我們在宇宙中占據的比例。它代表東方民主主義的真正精神，讓此道中人全數成為品味風雅的貴族。

岡倉認為，日本人延續了中國早期因蒙古入侵而中斷的傳統。

對我們而言，茶是超越理想的飲用形式，是宣揚生命藝術的宗教。這個飲料承載了對純粹與風雅的崇拜，主人與賓客透過該神聖儀式，一同創造人世間的至福之境。茶室是荒野中的沃土，讓我們這些旅人在此相會，共飲名為藝術鑑賞的泉水。茶會是由茶水、花卉、掛軸等主題交織而成的即興劇。沒有一個顏色能擾亂茶室的色調，沒有任何聲音能破壞萬物的節奏，沒有哪個舉動能突破這份和諧，沒有話語能打斷統一的氣氛，一切動靜都是單純而自然的——這就是茶會的目標。說來真是不可思議，我們通常能成功。

岡倉主張「茶道的基礎是宗教性的情懷」，從某些角度來看，與佛教的教義有不少共通之處。佛教強調萬物皆空（包括佛陀），因此其中的宗教因素漸漸消失，只留下儀式本身。

我國偉大的茶人都修行過禪學，意欲將禪的精神引入現實生活中。因此，茶室與其他茶道用具一樣，在許多細節上反映禪的教義。正統茶室應有四張半榻榻米的大小，這也是源自《維摩詰經》的一段經文。那段文字中闡述維摩詰邀請文殊師利菩薩與四萬八千名弟子進入這個尺寸的斗室——理論上，對悟道之人而言，空間的概念並不存在。露地，也就是通往茶室的小徑，它象徵冥想的第一個階段，亦即通往啟發自身的道路。露地阻隔了與外界的連結、營造出新鮮感，讓人全心享受茶室的雅趣……即便在城市，也會感覺身處遠離塵囂的森林之中。

茶不只影響了宗教和上流文化、繪畫、瓷器、文學，它浸透了日本文化的每一個層面。岡倉如此解釋道：

茶道大師對藝術界影響甚巨，但遠比不上他們對處世之道的影響。不只上流社會的禮儀，就連一般家庭事務的安排，也能從中感受到那些大師的存在。許多美食佳餚的上菜方式，就是他們的創舉。他們教導我們只穿著色彩內斂的服裝，就連插花應有的精神也出自他們的教誨。他們讓我們深刻瞭解人天生就喜愛簡樸的事物，展現人情之美。透過他們的話語和行為，茶進入了我國國民的生活。23

摩斯也提出類似的主張，並以他新英格蘭清教徒的背景來比喻，下了這樣的結論：

「確實，茶之於日本人，幾乎等同於喀爾文教義之於早期清教徒——壓抑熱愛藝術、充滿激情的民族性，將追求華美的衝動化為平靜純粹的簡約。不過，陰鬱嚴肅的喀爾文教義，摧毀了曾露出一線曙光的文藝愛好……」24

茶室是階級之分暫時消失的場所。它是中立的空間，透過舉止與手勢溝通的領域。它既私密親暱又公開，就算只是陌生人而非家族成員，也能安全地沉浸在茶道的世界裡。茶室是（與內在、居家界域相對的）外在世界，卻又安全而中立，能容納一般只存在於家庭中的深刻親近感。

我曾聽一些人這樣說：「日本沒有宗教」。日本沒有正式的國教、聖典與神職人員，也沒有廣為人知的教條，對死後世界興趣缺缺。我認為這是個美學和禮儀幾乎取代宗教地位的國家。「茶會」是純粹的世俗場合，沒有神也沒有神職人員，但瀰漫著近乎神聖的氣氛。一板一眼的流程、香煙裊裊、聖物（茶）的傳遞、祭壇（即「床之間」，擺放裝飾品的壁龕）的存在……這些都透出濃濃的宗教意味。

因此，禪的苦修精神，透過茶擴散到日本社會文化的每一個階層。同樣的效應也出現在另一個島國——英國，這讓故事更添趣味。茶在這兒不只是令身心舒暢的飲料，而是與日本一樣成為一種「道」，幾乎是「生活之道」。縱然不是宗教，它確實成為一股熱情，巧妙地融合了遊戲、信條和娛樂。

04 茶葉來到西方

傑西太太倒了茶。油燈溫暖的光芒照亮托盤。白瓷茶壺上畫滿小巧的玫瑰花……桌上有灑了糖粉的餅乾……蘇菲・薛奇看著黃玉色的液體從壺嘴流出，冒出白煙和香氣。這也是個奇蹟，黃皮膚的中國人和棕皮膚的印度人摘下的葉子，被裝進鉛盒、裝進木箱，搭乘揚著白帆的船隻安然橫越汪洋。它們走過狂風暴雨、在烈日和冷月下航行，最後來到這裡，從產陶市鎮工匠巧手燒製的骨瓷茶壺裡倒了出來……

——安多妮亞・蘇珊・拜亞特（Antonia Susan Byatt），〈婚姻天使〉，《天使與昆蟲》（*Angels and Insects*）

茶在一五五九年時，首度出現在歐洲文獻上[1]。一六七八年，荷蘭人威廉・譚・瑞恩

（Williem Ten Rhijne）將第一批茶樹樣本引進西方。瑞恩抵達長崎後不過幾個月，便將介紹茶樹的論文與一根樟腦樹枝，連同一把細枝葉、葉片與花朵，寄回國給一位朋友。[2]德意志醫師恩格爾貝特・肯普弗（Engelbert Kaempfer）身兼植物學家與博物學家，並受雇於荷蘭東印度公司，十七世紀末期曾在日本居住過一段日子，是促進西方世界認識茶的功臣之一。他在鉅作《日本誌》（*History of Japan*）中詳細描述日本歷史、政治、工藝、政府和經濟。書末針對幾個重要主題撰寫附錄，茶就是其中一個。前往中國的傳教士、外交人員等，同樣記錄了這個彷彿能治百病的神奇植物。

根據歷史文獻，茶在一六一〇年登陸阿姆斯特丹，一六三〇年代來到法國，一六五七年抵達英國。它會「經過沖泡、裝進木桶、過濾後，在客人點菜時被重新加熱」。這個時期可能還不會加牛奶。與許多新技術雷同，歐洲人一開始先套用既有技術，把茶當成某種加熱的啤酒，先裝在桶子裡再倒出來。

一六六〇年代出現這樣的廣告：「醫界大力推薦！來自中國的神奇飲料。中國人稱之為 Tcha（茶），其他國家則稱為 Tay 或是 Tee」，而產品也在皇家交易所附近的東方商店販售[3]。最早針對其藥效和益處的宣傳是在一六五七年，湯瑪斯・蓋威（Thomas Garway）在他開的咖啡館首度公開賣茶。蓋威列出的療效，與一六八六年國會議員T・波維（T. Povey）從中國文獻抄錄下的內容頗為類似。[4]

1. 淨化油膩混濁的血液
2. 驅散惡夢
3. 讓思緒清新
4. 舒緩頭痛、治癒暈眩
5. 防止水腫
6. 清理頭部過多的體液
7. 止痛
8. 通血路
9. 明目
10. 令體液清澈、肝膽熱氣消散
11. 淨化膀胱和腎臟的缺損

12. 治療過眠
13. 驅趕昏聵，讓人敏捷清醒
14. 強心、驅趕恐懼
15. 驅趕痛風
16. 強化內臟，防止消耗性疾病
17. 增強記憶
18. 鞏固意志、加速思緒
19. 解梅毒
20. 壯陽

茶在輸入歐洲後，越來越多人討論起其益處和可能的危險性。在荷蘭，許多醫師推薦喝茶來補充流失的體液，強納生．馮海蒙特（Johannes van Helmont）就是其中之一。尼古拉斯．杜爾（Nikolas Tulp）醫師出版的《醫學觀察》（*Observationes Medicae*）中有一篇〈茶之頌〉廣為流傳。

沒有任何事物比得上這種植物——光是飲用就能不受百病侵擾、壽與天齊。它不但替人體注入強大精力，也能抑制膽結石、頭痛、風寒、眼疾、鼻腔黏膜炎、氣喘、消化不良與腸胃不適。它的另一個好處是抵擋睡意、維持清醒，對於想趁夜寫作或冥想的人來說是一大助力。[5]

最包山包海的療法出自荷蘭醫師柯內里斯・邦特科（Cornelis Bontekoe，本名為 Cornelis Dekker）在一六七九年出版的《論文集》（*Tractaat*），書中讚揚茶、咖啡和巧克力的益處。邦特科對武夷茶讚譽有加，強力建議病人連續喝上五、六十，甚至是一百杯。他本人曾在一個上午達成這個挑戰；當時他因結石痛苦不堪，相信是這種中國飲料把他治好。他嚴正駁斥茶引發抽搐與癲癇的說法，更進一步主張喝茶的各種療效。邦特科也建議在瘧疾發作前喝下兩杯濃茶，之後再喝個幾杯。[6]

不少英國醫師也深入研究茶的特性。湯馬斯・陀特（Thomas Trotter）在他一八〇七年出版的著作《精神亢奮論》（*View of the Nervous Temperament*）中主張，茶和其他商品（咖啡、菸草等）同樣都「曾被當成藥物使用，不過現在只是日常用品」。[7]湯馬斯・蕭特（Thomas

Short）在一七三〇年出版的著作《論茶》（*Dissertation upon Tea*）中舉出他做了諸多實驗，發現如果把茶加進血液裡便能分離出「血清」。茶還能替肉類防腐。他列出一長串能用茶治療的症狀或疾病，包括頭部疾患、血液濃稠、眼疾、潰瘍、痛風、結石、腸道阻塞等。[8] 一七七二年，雷桑醫師（Dr. Lettsom）[9] 寫下《茶樹自然史及其醫藥作用觀察》（*Natural History of the Tea-tree, with Observations on the Medical Qualities of Tea*）一書，亦依循同樣的脈絡。他也做了實驗，發現泡在綠茶裡的牛肉過了七十二小時才開始腐爛，而泡在一般水裡的牛肉過四十八小時就腐敗了。加上其他實驗結果，他得出結論：「根據這些實驗，顯然綠茶與武夷茶含有防腐（實驗一）和收斂（實驗二）的物質，能應用在死亡動物的肌肉纖維上。」他的第三個實驗，是把第一個實驗裡的茶跟水注射進死亡青蛙的腹部；結果顯示，茶沒有任何影響，而水則是讓青蛙腿僵硬、喪失活動力。[10]

茶起初沒有那麼快席捲英國，主因是成本太高，算是奢侈品。英國政治家山謬．皮普斯（Samuel Pepys）在他的著作《日記》（*Diary*）中「一六六〇年九月二十五日」那一頁，記錄皮普斯太太喝茶後的結果：她這麼做的部分原因是要治病，但聽說能緩解她的咳嗽症狀。茶剛進入倫敦市場時「一磅要價三英鎊十先令」，接著「價格在九到十年內降到兩英鎊」，每間咖啡廳都能點到。不過在十七世紀到十八世紀早期，茶一直都是高檔飲料。

從一七三〇年代開始，飛剪船（clippers）直航中國，茶的進口量爆增、價格壓低。等到十八世紀末，協同馬戛爾尼伯爵（Lord Macartney）出使中國的喬治・史塔頓爵士（Sir George Staunton）估測英國「在一年內，不分男女老少貴賤，每個人至少喝掉了一磅重的茶葉」。[11] 其他人提出的數據比這個還高，有人認為每人年均消耗量超過兩磅。「到了世紀末，進口量超越兩千萬磅，也就是每人大約分到兩磅。」但這只是檯面上的數字。「在一七六六年，透過非法管道輸入英國的茶葉，大概跟合法輸入的茶葉一樣多。」[12] 一磅茶葉能泡出兩到三百杯茶，即一般成年人每日至少喝下兩杯茶。從這一連串紀錄可以看出，社會大眾自一七三〇年代起對茶的接受度可謂突飛猛進。

當代評論也顯示出喝茶習慣在英國各地迅速炒熱。一七三四年中產階級的標準飲食預算內容裡頭，每人每週要花五・二五便士買麵包，七便士花在茶跟糖上頭。[13] 一七四九年的這組商人家庭飲食預算中，每個家庭每週人買三先令的麵包和四先令的茶跟糖。[14] 至少在中產階級裡，茶跟糖已經是主食的一環了。

十八世紀中期，根據蘇格蘭哲學家凱姆斯勛爵（Lord Kames）觀察，就連領取慈善布施的人一天也能喝兩次茶。[15]對於茶的評判也顯示出喝茶習慣有多大眾化。一七四四年，身兼法官一職的作家鄧肯・佛比斯（Duncan Forbes）寫道：「與東印度公司貿易……令茶價暴跌，連低賤的勞工也買得起……」[16]

一七五一年，查爾斯・迪林（Charles Deering）在描寫諾丁罕郡風光時提到：

這裡的人少了茶、咖啡和巧克力就無法過日子，特別是茶。它是如此受歡迎，不僅士紳、富商會頻繁飲用，幾乎每個縫補工、測量工人、捲線工都能在早上好好享用熱茶……即便是洗衣女工也認定，沒有茶、沒有塗了牛油的白麵包，就不算體面的早餐……[17]

農業作家亞瑟・楊格（Arthur Young）對於「男人把茶視為主食、女人和勞工耗費時間坐下來喝茶，甚至連農家僕役也要求早餐要喝到茶」的風氣感到厭煩。[18]

一七八四年，法國作家法蘭索瓦・德拉羅希福可（François de la Rochefoucauld）寫道：「在整個英國，喝茶已是日常習慣。每天要喝兩次茶，不論開銷有多可觀。生活最簡樸的農夫與有錢人沒兩樣，每日兩次。總消耗量難以估計。」接著他又提出更具體的數據：「根據計算，每年每個人，不分男女，都會用掉四磅茶葉。真是無法想像的龐大份量。」[19]

到了十八世紀末，描寫民間疾苦的作家費德里克・艾登爵士（Sir Frederick Eden）寫道：「若是特地在用餐時間踏入密德瑟斯郡和薩里郡的民宅，你會發現這些窮苦人家不只在早晚喝茶，也會拿大量茶水搭配正餐。」[20] 瑞典作家艾利克・葛斯塔夫・耶伊爾（Erik Gustaf Geijer）在一八〇九年造訪英國並這樣描述茶：「茶是英國人生活中僅次於水的元素。喝茶的人不分階級。清早走在倫敦街上，能看到許多小桌子露天擺設，運煤工和各產業勞工圍繞桌邊，享用美味的飲料。」[21]

茶的供需在十七世紀末期急速上升。從需求層面來看，特別是在荷蘭與英國，近兩三百年來，各階級可自由支配的收入不斷增加，大多數人都能負擔少量的奢侈品——高品質的肉、新鮮麵包、啤酒和麥酒、在火爐裡燒煤或泥炭、溫暖舒適的衣物、皮鞋、堅固的屋舍……整體經濟改善後，到了十七世紀末，西北歐大多數國家對於拓展殖民地、引進新產品的需求非同小可。人人渴求菸草、咖啡、巧克力、絲綢和香料，茶自然也不例外。

然而，對奢侈品的需求並非全歐洲皆然。喝茶風氣只在荷蘭[22]與英國蔓延，同一時期的法國、德意志、西班牙和義大利都不太重視這個飲料。這是茶葉史上最有趣也最難以解釋的狀況。為何早期的喝茶熱潮幾乎集中在英國？荷蘭人確實會喝茶，特別是女性，但男性還是偏好喝啤酒、將茶轉銷到英國。為何茶在法國和德意志銷量不佳？這可能是因為英國的特殊條件——厭惡飲用水、麥芽稅造成啤酒漲價、以海洋為基礎的貿易體系——導致的不同結果。或許相對富裕的英國中產階級也是因素之一，他們願意嘗試新飲料且已習慣喝熱飲，比如加熱的麥酒、牛奶甜酒、威士忌甜酒或潘趣酒。還有東印度公司的強力推銷，他們獨占輸入權。這些是茶成功打入英國市場的部分因素。[23]正如許多歷史事件，原本微乎其微的差異漸漸擴大，無怪乎法國人和德意志人把咖啡當成奢侈的飲品。荷蘭跟英國對遠東這個茶葉產地充滿興致，而法國、德意志、義大利和葡萄牙的貿易目標集中在非洲、印度部分區域、南美洲——這點非常重要。

從另外一個角度來看也同樣費解。一六六〇年後的半個世紀內，咖啡的成長率遠高於茶，咖啡廳也迅速展店。這股熱潮在茶登上英國主流市場後迅速冷卻。為什麼？有幾個可能的原因。茶比咖啡容易沖泡，還不需要烘烤磨粉。茶走的是海路，這條輸入途徑相比於從中東走陸路來到中南歐的咖啡還要可靠（至少對英國來說是如此）。茶可以泡得淡一點還能回沖，茶樹產量也豐富，製程相對便宜。還有，製茶和東方貿易掛勾，於是強盛的東印度公司下了工夫宣傳促銷。東印度公司有政策和資本撐腰來降低售價，政府也把它視為重要的稅金來源而極力扶植。而且，廣告行銷讓茶比咖啡賣得更好（雖然十九世紀的可可貿易商也下了重本打廣告）。

政策同樣重要。早期大批輸入英國的茶轉賣到北美，似乎是要培養北美殖民地居民與英國人同等的愛茶之心。從某些方面來看確實成功了。十九世紀的美國人口相對較少，卻持續進口大量茶葉。然而在知名的波士頓茶黨（Boston Tea Party）事件中，殖民地民眾將一箱箱茶葉丟進波士頓港後，茶成了英國蠻橫高傲、擅自加稅的象徵。因此，儘管美國人私下喝茶喝得兇，在公開場合仍常以喝咖啡來對抗英國的形象。

另一個影響要素是茶葉的供應。從十七世紀末到十八世紀初，航行的安全性有了突破，長程海運的收益大幅提升。地圖與海圖更加精確、船隻越來越結實、裝設大砲抵擋海盜、有了觀測緯度的六分儀（稍後還發明了經線儀來觀測經度）……這些進步拓展了繞過好望角的航線。此外，股份公司、越來越有效率的貸款模式（比如說透過英格蘭銀行或大型荷蘭銀行辦理），這些新型態的商業組織也幫助船隊籌劃長途貿易之旅。荷蘭與英國的大型貿易公司虎視眈眈地尋找獲益機會，準備挹注資金。

就這樣，第一批直接來自中國的海運茶葉在一七二〇年代抵達歐洲。茶葉重量輕、儲藏容易、利於長途運送且賣得很好。茶葉的價值越來越高，這個嶄新的高價商品伴隨著瓷器和絲綢湧入歐洲。歐洲人從南美洲和中歐的礦脈籌備足夠的白銀——中國唯一想從西方獲得的商品——支付這些海運貨物。

我們可以從這些歷史裡看出價錢跟銷售量的交互影響。即便英國政府想透過貨物稅獲利，然而茶葉比釀啤酒需要的麥子還要難以控制。體積小、重量輕的茶葉很適合走私，讓稅收大大失血。正如今日的香菸或酒類，假如政府把稅設得太高，反而會降低收入、逼得大家買走私貨，最終導致合法貿易市場萎縮。

總之到這邊，茶取代啤酒成為英國的國民飲料。儘管商家拿它的保健效用大打廣告，卻也沒多少證據顯示英國人喝茶是為了治病養生。茶的魅力似乎源自它提振精神、放鬆心情的效果，以及相對便宜的價錢。與中國跟日本不同，英國人不久後便往茶裡加牛奶跟糖，使茶的魅力更難以抵擋。英國與殖民地大量引進砂糖，更有國內的畜產業當靠山，創新的飲用方式也讓茶蘊含更多能量與蛋白質。

第二部

征服

05 魅力

一輛巴士載著他來到西區。瘋狂的水舞噴泉，緋紅火焰劃破深藍暮色，他找到符合他心意的店舖。那是一間喪失理智、化為巴比倫的茶館，雪白的宮殿架設千萬盞燈光，俯瞰其他老舊建築，宛如堡壘。它確實是一座堡壘。新時代的前哨，或許象徵著另一個文明，或許是另一個野蠻巢穴……圖吉斯昂首闊步走進這間巨大的茶館，不僅是為了補充精力。他要的，是陌生奢華感的魅力。

——約翰．博因頓．普力斯特雷（John Boynton Priestley），《天使便道》（*Angel Pavement*）

如同中國和日本，茶一進入英國，當地居民就深受其魅惑。英國發展出兩個主要的喝茶場合。一個是公共場域——茶館或庭院。原本，茶是在咖啡廳裡與咖啡和其他飲料一同販售的商品，這類店家在一六六〇到一七二〇年間格外盛行。咖啡廳與茶館在日漸繁榮的英國扮演重要角色，許多國際組織便是在這類場所誕生的，包括勞合社（Lloyd's insurance）以及英格蘭銀行。它們還是許多政治俱樂部的核心，對議會民主制的崛起奉獻極大。這類場合也扮演著傳教活動的種子。折衷會（Eclectic Society）的首次集會地點在城堡與鷹隼酒館（Castle and Falcon Tavern），一款茶壺成了他們十八世紀的創會紀念品。當時與會人士端著茶杯，促成了英國海外傳道會（Church Missionary Society）。此外，這些咖啡廳和茶館是作家與科學家的會面處，因而成為各種靈感激盪爆發的中心場所。

咖啡廳在十八世紀的頭二十年逐漸式微，茶則是維持住地位、重心轉移到其他場所。從原本的咖啡廳和酒館流向沃克斯豪爾（Vauxhall）、拉內列（Ranelagh）、馬里波恩（Marylebone）、庫珀（Cuper's）、白溝渠之屋（White Conduit House）、伯蒙德賽（Bermondsey）等遊樂花園（pleasure gardens）。在這些庭院裡，倫敦人能一邊散步、欣賞最新潮的固定式蒸汽機或雕像，一邊享用熱茶。茶是主打賣點。這些庭院往往廣達數畝，有樹叢、走道、涼亭、別出心裁的擺設造景以及喝茶區。就這樣，以往只能在鄉間見識到的優美庭院進入市中心。士紳與中產階級民眾來此「品茗」、聊八卦、交換情報、聽音樂。更重要的是，這些庭院公園不只是男性，也歡迎他們的妻兒造訪。

咖啡廳是成年男性的據點，在許多伊斯蘭教或天主教國家至今仍是如此。或許是售價與本身的刺激性使然，咖啡總是與男性劃上等號，在英國更被視為有錢人的奢侈享受。茶則是很快就被歸為「更溫和」的飲料，同時也更加實惠，適合女性和孩童享用。據說，阿拉伯世界的男性開啟了喝咖啡的風氣，而茶在中國和日本的受眾卻是不分男女老少。英國人能舉家在庭院裡喝茶來度過和樂又造作的一天，或晚間到茶館參加社交聚會、拓展人脈。

這些充滿歡樂的庭院在十八世紀初也吸引許多文學界、音樂界和藝術界的巨匠——像是波普和韓德爾（Pope and Handel）——他們到外頭透氣，與同伴激盪靈感。庭院成了類似大學的場域。營造愉快氣氛的不只是茶，還有建築物和風景，因此這類庭院為英國園藝帶來重大影響；「萬能」布朗（'Capability' Brow）[1]與他的「自然」造景風格在十八世紀達到巔峰。可以說茶這種異國飲料促成這些場所的誕生，為當時瀰漫英國與西方各國的「東方癖好」推波助瀾。端著中國瓷杯、啜飲中國飲料，自然而然與欣賞中國的事物（嶄新的風格、漆器、絲綢、中式庭園等）掛上勾。

早期的一個例子，顯示女性的行事作風出現重大改變：湯瑪士・唐寧（Thomas Twining）買下湯姆咖啡廳（Tom's Coffee House），在一七一七年將其改名為金獅（The Golden Lyon），成為倫敦的第一間茶館。這間位於倫敦河岸街的店從一七〇六年賣茶賣到現在，至今仍舊屹立不搖。[2]茶館跟咖啡廳不同，客群遍及男女。「夫人、小姐湧入唐寧的店舖……」符合中產階級品味的高雅茶館在十九世紀後半迅速展店，包括知名的列昂集團連鎖下午茶餐館（Lyons Corner Houses）[3]。這些茶館同樣適合闔家光顧、享受悠閒時光，以及與朋友聚會。體面的中產階級家族造訪倫敦，或搭乘新設置的火車旅遊、到海邊觀光。他們總不能到提供酒精飲料的當地酒吧小歇，或待在旅館酒吧裡，也進不了只收男客的倫敦俱樂部（每間俱樂部通常有特定的專業領域主題）。可是，他們可以去茶館。

茶館與精心設計的庭院，順應了英國當時以小家庭為核心的中產階級需求。這些地方可供親子同遊，共享休憩樂趣。在世界上有許多地區（包括不少信奉天主教的歐洲國家在內）的女性得守在家裡，男性則能在外頭的咖啡廳或酒吧招搖過市。在英國，喝茶習慣營造出男女老少共處的公開場域。

喝茶風氣也蔓延到半私人的領域。在還沒有茶葉的時代，中產階級（特別是女性）如果想在自家招待親戚或個人的朋友，就只能端出酒精飲料。如今，總算有讓人心情平靜的沖泡飲品，還能加上一些優雅的儀式感。泡茶、奉茶的過程中可以展現良好的出身、教養、禮儀，這個習慣源自於皇室。十七世紀末，查理二世之妻布拉甘薩的凱薩琳（Catherine of Braganza）宣揚茶在宮廷裡是非常有用的溫和飲料。茶很快就與貴族階級、士紳名流產生連結。比如說第七代貝德福公爵（Duchess of Bedford）夫人安娜習慣在下午三、四點左右請人送上熱茶和蛋糕，因為她在那個時刻會感到「情緒消沉」。午茶的習慣根植於上流社會，並往下深入市井小民心中。有人批評窮人過度渴求如此文雅的飲料與相關儀式，說他們裝模作樣、打腫臉充胖子。

在階級意識分明同時也不斷流動的社會裡，言語、姿勢和使用物品中透出的細微跡象，全都是將該名人士套入（或排除）於某個社會階級的線索，而茶也成為重要的判斷依據。茶會的規模和風格、傢俱、茶的滋味（越淡、越苦者代表階級越高，跟雪利酒一樣），就連用哪幾根手指端起茶杯都象徵著這個人的出身高低。

到了二十世紀世界大戰期間，軍官拿瓷杯喝茶，一般士兵則用碩大的金屬杯從桶子裡盛裝又濃又甜的茶水[4]。然而，階級差異往往更加微妙；在人面前留下深刻且出身正確的印象可是一門藝術，得細細學習，頗似彈奏樂器、布置花藝、寒暄言詞等其他上流女性的「恰當才能」。這雖不像日本茶會那般嚴謹，卻依舊有種種規矩，需要經過一番鍛鍊、花上好幾年才能精通。

「下午茶會」發展出擁有諸多細節的儀式型態，這點跟日本有幾分相似。必須特地準備茶具（杯子、碟子、茶葉罐、茶壺），在精心布置的房間裡擺設桌椅。茶的社交意義觸發許多作家的靈感，並紛紛撰文說明泡茶和奉茶之道。他們解釋要如何邀請客人、要擺放哪些器皿、如何詢問客人對茶的喜好或替他們添茶。特別重要的是如何應對不同階級背景的客人（各種爵位、主教、法官），以及給客人上茶的順序。人們也需要瞭解如何端上配茶的餐點、該準備什麼樣的食物、如何向女主人道謝、如何離席等。

崔布里吉夫人（Lady Troubridge）的《禮儀之書》（*Book of Etiquette*，一九二六年出版）分成上下兩冊，其中有一整個章節都在介紹茶與各種下午茶聚會。「賓客圍繞著大桌，也可能女主人將小茶几或單腳桌擱在椅子旁，用來放置茶杯和小茶碟……有時會添上小巧的餐巾。不過依照慣例，這是不必要的物品。若是準備了果醬，就該附上茶刀（很小的餐刀，刀刃是鍍金或銀質）。」[5]

更接近現代的《禮儀全書》（*Complete Guide to Etiquette*，一九六六年出版）中，作者貝蒂・梅桑格（Betty Messenger）舉出五花八門的情境，包括替賓客倒茶上點心的說法。「詢問客人是否還要喝茶時該說『布蘭達夫人，您要再來一杯茶嗎？』為客人送上三明治時，請記得說明裡面夾了什麼。布蘭德夫人或許對螃蟹抹醬過敏，但又擔心在女主人端上整盤三明治時詢問餡料太過失禮。」[6] 這些看似雞毛蒜皮的小事，卻是整個社會系統運作的基礎。正如莎拉・麥可林（Sarah Maclean）在《禮儀與良好的態度》（*Etiquette and Good Manners*）一書中提到：「今日的茶會已不是正式活動，有三個禮儀要點。端起茶杯時『不要』勾起小指——常有人認為這個荒謬的舉動相當『高雅』。主人家的『階級』越高，牛奶就越該在最後的步驟加進去。『不提太多要求』也是另一個展現格調的重點。當女主人詢問茶要泡得如何時，請告訴她——『淡一點』、『濃一點』，或是『少許奶就好，謝謝』。」[7]

目標在於營造出特定的氣氛。「舉辦茶會的空間應當要瀰漫洗鍊的氣息。賓客外表體面，經過精心挑選。準備最好的茶葉，無論花錢還是費心，都該做到極致。不需要對女主人指手畫腳，她只要表現得自然從容就好。」[8]

許多正式規矩跟日本的茶會扮演同樣的社交功能。在一群懷抱矜持且明確意識到階級地位的人之間，藉由微妙的禮儀和出自尊敬與喜愛的舉止，能夠表達許多無法言傳的意念。茶會氣氛友好，甚至稱得上真誠，不過也常因八卦和批評而設下人與人之間的界線，正如珍．奧斯汀、安東尼．特洛勒普（Anthony Trollope）[9]、狄更斯小說裡難以細數的情節橋段。

流言蜚語的內容隨著茶的種類改變。湯瑪士．迪維特．泰瑪吉（Thomas de Witt Talmage）在一八七九年如此寫道：

話題與女主人替賓客準備的茶葉種類息息相關。若是純正的雨前熙春茶，眾人會聊起令人精神一振的正面新聞；如果是平水珠茶，茶桌上的氣氛會變得火爆、某人的名譽將大大受損；綠茶的話，那可以預期對話中充滿毒氣，對道德健康傷害甚大。10

就這樣，喝茶在十八世紀成為英國的全民運動，為數百萬女性打發了被迫做不了事的漫長空閒。跟日本一樣，透過器皿與舉止，茶會是在吃喝之間彰顯友誼、待客之道和親近感的場合。這對中產階級的女性格外有意義，她們能邀請其他女性來家裡喝茶或外出參加茶會，逃離空虛寂寞的日常生活。

這些社交聚會往往只是用來炫富、聊八卦、套交情，提供女性一個能與外出喝酒的男性相抗衡的機會。在威廉．康格里夫（William Congreve）一六九四年的劇作《雙面手法》（*The Double-Dealer*）中，有人問起女士們都去哪了，得到的答案是「她們在長廊盡頭，依循古老的慣例，聚在一起享受熱茶與緋聞。」這些聚會也讓女性獲得她們擁有完全控制力的領域。在瑪莉．伊莉莎白．布瑞登（Mary Elizabeth Braddon）的《奧德利夫人的祕密》（*Lady Audley's Secret*，一八六二年出版）一書中，她寫道：「美女在泡茶時看起來最美麗……這是最女性化、最有居家氣息的行為……不讓女人開茶會等同於剝奪她合法掌管的帝國。」11

茶會也給了女性發展合作關係的空間。十九世紀的英國有許多成就斐然的傑出女性，其中有不少人——像是作家兼社論家哈莉葉．馬提紐（Harriet Martineau）——是知名的茶會常客，茶會是她們重要的舞臺。她們的成就，比方說宣揚民主精神、規劃社會慈善活動、籌措宣教行動、投入文學創作，或組織婦女協會、女童軍，還有其他名聲顯赫的機構，關於這些茶會可說是功不可沒。

女性在私領域的崛起也與茶息息相關。在茶會上，她們是女主人，手上的茶壺就是強大的武器，就連最蠻橫的男人也會在這段時間內臣服於此。另外，茶會也改變了各年齡層間的關係。睡前家長（特別是母親）把孩子交給僕人照顧，讓孩子吃「寶寶茶」（nursery tea，小孩睡前的餐點），給予家長獨享的時光。茶會也是牽起不同世代、性別族群的熱鬧場合，像是生日茶會、搭配聖誕蛋糕的聖誕茶會等。

日常生活受到喝茶形塑的不只是中上階層，全國都感染了這個習慣。在另一個場合裡喝茶也同樣重要，那就是英國現代經濟社會成長期間不容小覷的勢力——工人的「喝茶休息」時間。喝茶休息的出現讓生活稍微不那麼難耐、漫長勞動有了點盼頭，在工廠、小工坊、辦公室和礦坑形成核心社交儀式。咖啡因和糖分替工人補充元氣，還能放鬆一下、三五成群，在笑話和情報滿天飛之後繼續上工。若是少了這段休息時間，他們可能撐不了繁重的工作量。到了漫漫長日總算即將結束，工人帶著一身疲憊髒污回家後，好好喝杯茶、吃頓飯能療癒他們的身心，也避開了昂貴又影響健康的酒精飲料。

難怪，茶很快就成為十九世紀大型禁酒運動的象徵和武器，用來對抗酒精濫用。這種安全、便宜又提振情緒的飲料，自然值得大力推薦。主張禁酒的政治家舉辦茶會籌措資金、招募成員。十八世紀中期的琴酒熱潮因酒價上漲而逐漸冷卻，茶遂成為窮人的替代飲料。類似的情境在十九世紀重演，只是規模更大、影響更廣。茶、道德觀與禁酒之間，有著千絲萬縷的複雜牽繫。[12]

觀察茶對民族性的影響相當有趣。英國人是否從吃紅肉、喝啤酒的凶狠好戰人種，變得比較溫和、不具攻擊性呢？從日本和中國這兩個喝茶大國，可以觀察出改變國民飲料帶來的影響。

衛三畏主張茶擁有「在西方無法忽視」的影響力：

中國人以家為重心的平靜生活型態，有一大部分要歸功於他們長期飲用這種平淡的飲料，隨時都能圍著桌子坐下來品嚐。就算是那些濃度極低的釀造酒，若是成天啜飲，也會讓悲慘、貧困、紛爭和疾病取代節約、寧靜與勤勉。茶是中國人性情普遍節制內斂的主因……走在北京、廣東、大阪街頭，可以看到勞工和行人三三兩兩聚集在茶館和茶屋裡，氣氛歡快和平。若你仍質疑茶是否具備滿足人類需求與激情的能力，那一定是因為你還抱持著空虛的渴望。[13]

十七世紀末，約翰・歐文頓爵士（Sir John Ovington）在他的著作中提出此一論點：「這個在全世界最講禮貌的國度出生長大的小小葉片，除了此處，還能在哪裡尋得更令它安心、更加文雅，就連中國也自嘆弗如的處所呢？」[14]約翰・桑納（*John Sumner*）也在一八六三年提問：「主張茶是塑造溫和馴良人格的重要因素，讓中國人即使在政爭之中也能保持平靜與秩序，應該是合理的想法吧？」[15]

喬治・蓋布瑞・席格蒙醫師（Dr. George Gabriel Sigmond）在一八三九年的著作《茶：在醫療與道德上的影響》（*Tea: Its Effects, Medicinal and Moral*）中討論到各個禁酒協會，對茶可說是讚譽有加：

> 在許多拿茶來取代發酵酒精飲料的案例中，可以明顯看見人們的健康與道德水準大幅提升。體態、力量、精神都獲得增長，更耐得住疲憊，更容易體會生命中平凡的喜悅，性情變得豐富飽滿。社群中各階層都變得清醒、謹慎、有遠見……更健康、快樂，更樂意交流自身成就。他們揚棄了恥辱的習慣。遭到社會遺棄的悲慘之人能夠自立生活，成為社會之福。[16]

另一位作家威廉・葛登・史塔伯（William Gordon Stables）在一八八三年引用了道格拉斯・威廉・傑羅（Douglas William Jerrold）對茶的見解：「老實講，茶對這個國家的社會性影響目前還說不準。但它確實令野蠻動盪的人民踏入文明，拯救了酒鬼。對於悲慘又孤單的母親，它帶來了愉悅平和的思緒，令她能支持下去。」[17]

喝茶改變了工作型態、女性地位、藝術美學的本質，甚至有可能影響民族性。如同日本和中國，雖然茶葉在這兩個國度因文化歷史差異而有完全不同的效應，但它的崛起扭轉了許多人的生命。「茶是充滿儀式性的飲料，恰如季風帶來的大量雨水。它既讓人平靜，又刺激神思、促進話題、放鬆心情……」法國當代作家巴斯卡・卜律克涅（Pascal Bruckner）寫道：「靈感與傳統在透明的水汽中緩緩泡開。」[18] 它改變了社會的基調。法國評論家紀堯姆・雷納爾（Guillaume Raynal）在一七一五年表示，茶的嶄新風潮或許帶來些許不便，但不能否認「它幫助全國人民擺脫酒精的力量超越了最嚴苛的法令、基督教倡議者的長篇大論，或是最高尚的道德說教。」[19]

雖說喝茶的方式是社會階級差異的象徵之一，但透過某些細微的跡象可以發現，它同時也遮蓋了某些「隱藏的階級傷痕」。像是寒暄時聊起天氣，這是英國各個階級的統一話題，因此或許能把茶歸為和睦的關鍵。《茶的故事》（*The Tea Story*）作者詹姆士・莫里斯・史考特（James Maurice Scott）寫道：「它不分階級，屬於每一戶人家。它是款待之心的表徵，無論富人對窮人、窮人對富人，雙方平等且不會感到哪裡奇怪。」[20]

茶對中國和日本陶瓷器影響深遠，人盡皆知。這兩個國家的陶瓷產業為了供應飲茶者的需求，質與量兩方面都毫不含糊。喝茶對歐洲陶瓷的影響幾乎同樣劇烈。

即使把眼光聚焦在英國，姑且不論十八世紀中期德意志的製陶技術，依舊能找出茶的重大影響。部分原因是隨著茶葉搭船送達的中國陶瓷器。茶葉太輕了，商船需要其他的貨物來壓艙，於是選上了沉重又在歐洲有市場的陶瓷器。這些器皿的數量令人吃驚。在《改變的種子》（*Seeds of Change*，一九八五年出版）一書中，作者亨利．哈布豪斯（Henry Hobhouse）估測在十八世紀前半，每年平均有五百萬件陶瓷器從中國輸入歐洲。一六八四到一七九一年間，他統計約有兩億一千五百萬件中國陶瓷器運至歐洲。[21] 十八世紀英國人使用的茶具，品質可說是空前絕後。

另一波衝擊直接針對英國本土的陶瓷器產業。喝茶創造出可觀的消費需求，而最合適的茶具材質就是陶瓷。在土耳其用的是玻璃，錫杯也算堪用，然而銅、錫、琺瑯、玻璃等材質其實都不適合熱飲。喝茶風氣更上一層樓且需要更複雜的茶具，所以他們往原本簡約優雅的中國和日本茶杯上添加許多配件。中國人跟日本人的茶杯沒有握把，而當時英國人已習慣有握把的玻璃杯跟其他器皿，希望熱騰騰的茶水能裝在這樣的器皿中。中國人基本上是用茶碗泡茶（拿個小碟子蓋在上頭，將茶水倒進小杯子裡喝），也有能從壺嘴倒茶的中式茶壺。英國人要往茶裡加糖加奶，自然需要替客人準備茶匙，再加上放茶匙的碟子。糖罐跟牛奶壺跟茶壺成套登場，銀匠跟陶瓷工也要面對嶄新的市場。透過喝茶的儀式，主人還能展現顯赫財富與品味，塑造自己的名聲。

除此之外，還得要打造裝茶葉的罐子、適合茶會的桌子、盛裝配餅乾和蛋糕的盤子，以及布置或高雅或舒適空間的椅子、屏風、壁爐等。因此，十八世紀前期的消費需求突飛猛進，許多工匠、各色店鋪、品茶師與拍賣商應運而生。

茶成為英國十八世紀極為重要的工業產品——陶瓷——的脊樑。約書亞・威治伍德（Josiah Wedgwood）便是最著名案例。他的事業核心是茶具，致力於高檔古典的設計與色彩且相對便宜，廣受中產階級歡迎。從一六七二年開始，茶具的製作技術經歷重大變革，工匠業者測試各種形狀、素材、花色。普爾（Poole）、伍斯特（Worcester）、斯波德（Spode）、切爾西（Chelsea）……數不盡的公司證實了製作茶具是一門賺錢生意。許多技術在這段時期誕生，精緻的手工產品進入大量製造的時代。英國獲得了嶄新的產業，最後甚至沒有必要從中國輸入陶瓷器，使其價格跌到谷底。

喝茶成為重要社交活動，英國人的生活作息與用餐習慣也隨之改變。中上階級的早餐從原本是有酒有肉的大餐，漸漸轉變成麵包、蛋糕、果醬搭配熱飲（通常是茶）的輕食。22 午餐到上床睡覺之間的漫長空檔原本有一頓比較早享用的正餐，現在能把「晚餐」往後調整到晚間七、八點，因為有下午四、五點的午茶墊胃（配茶的麵包、蛋糕、餅乾幾乎算得上一餐）。

這一切對上流階級來說不是什麼大問題，但勞工階層間發展出不太一樣的模式。筋疲力盡的工人，在礦坑或工廠值班到傍晚五、六點，他們會想趕快吃點東西，然後放鬆休息。當時產生了喝晚茶（high tea）的習慣，特別是在英格蘭北部以及蘇格蘭南部的工廠和礦坑。工人拿大杯子喝茶，配上麵包、少許蔬菜、起司，偶爾吃得到肉；這讓他們免於崩潰，能稍微恢復精力、面對明天的勞動。茶是中產階級的社交必需品，然而對十八世紀後半以及十九世紀的眾多勞工階級家庭來說，它是生活救星：即使茶葉再怎麼便宜，也會占去飲食開銷的一半。他們並非像社論說的那樣揮霍或愚蠢，而是因為艱辛的經驗告訴他們，只有茶能讓生活稍微沒那麼難耐。

茶與勞工階級間的密切關係或許也是嗜茶背後的因素之一，這點在大英帝國的某些區域也相當明顯。多年來，亞洲以外最大宗的茶葉消費國家並非英國，而是澳洲。大批英國勞工階級移民者將他們對茶的依戀帶到這塊土地上。

大約在一六五〇年後的一百年間，名為消費革命的現象為工業革命鋪路，甚至加速了工業革命的發展。假如沒有市場，根本沒必要研發大量製造平價商品的技術，特別是服飾和陶瓷器。商品需要市場，要把東西賣出去就得培養消費者的品味與市場區別，以及更重要的——欲望。消費行為急遽增加，連帶提升了工業產品產量。

要擴大市場需求，就必須大幅改變商業組織的性質與通訊手法。商家憑著累積數百年的零售經驗與技巧，創造出嶄新的生意手段或將其提升到極致，包括廣告、倉儲、包裝與物流。茶扮演諸多角色，其中之一便是打造全新消費世界的實驗載體。要說茶是消費革命的焦點也不為過。十七世紀的英國人，不需要新的銷售方式來告訴他們要如何選擇啤酒、麵包或毛料衣物，他們早就對這些商品的性質瞭若指掌。茶葉就不一樣了，要說服社會大眾接受這個來自異國的陌生葉片——黑漆漆的看起來像沙土，還要用熱水泡開——就跟咖啡或菸草之類的新商品一樣，需要特殊手段。

首先要打廣告說明這項商品是什麼，以及購買這項商品為何是明智之選。據說，一六五八年《水星政治報》（*Mercurius Politicus*）那則「倫敦報紙上的第一個商業廣告」就是茶。[23] 此後，針對茶的廣告宣傳從未間斷，直至今日公司行號依舊在電視和網際網路上誘哄人們買茶。東印度公司以及幾間大型公司的財力與權勢，是強大的推力。

接著是零售業。十八世紀早期，專門買賣茶葉的雜貨鋪自稱「茶鋪」，好跟其他雜貨商家做出區別。他們開設專賣店，預先把茶葉裝進吸引人的紙盒或紙袋販售，而非在現場將散裝茶葉裝袋秤重。許多大型零售企業就是從賣茶葉起家，十八世紀早期的立頓就是知名的例子。過了一百五十年，另一個零售業龍頭特易購（Tesco）同樣靠著茶葉發跡。

茶得在既定市場中替自己打造出嶄新的銷售管道，恰巧這個國家正經歷著繼農業出現後規模最大的轉型。這個星球上的人類從農業轉向工業、人口從鄉村往城市移動，茶也在此時成為全世界最受喜愛的飲料。因此，茶可以替其他商品立下銷售模式的典範。一六五〇年間還乏人問津的飲料，卻在短短幾個世代內風靡全國，這是英國史上最戲劇化的消費革命。

如同茶對中國和日本的影響，它也大大改變了英國。「過去一百年間，找不到其他事物能像茶一樣，在英國引發如此龐大的變革、扭轉全國人民的生活習慣。」曾任香港總督的漢學家約翰・戴維斯（John Davis）在十九世紀中期如此寫道。[24]世界史上最強大的資本主義與君主制國家，伴隨著這個翻天覆地的改變而誕生。人類學家文思理（Sidney Mintz）這樣描述：「英國工人喝下第一杯加了糖的熱茶，那一刻是史上重大的里程碑，因為此舉預示了整個社會的變遷，是經濟與社會層面上的徹底改變。」[25]茶改變了一切。

06 取代中國

英國需要更多的茶。英國境內人口迅速成長，移民到殖民地和自治領的人數爆增，在美洲和亞洲形成龐大潛在市場。每個人平均的喝茶量也增加不少。

截至十八世紀末，從中國輸入的茶葉還能滿足西方需求（主要是英國）。東印度公司並不熱衷於開發這項商品的替代產地；它壟斷了中國貿易，自然不希望這條路線遭受威脅。一七一一到一八一〇年，從海運貿易收到的稅金就高達七千七百萬英鎊，背後的商機可想而知。即便不太情願，貿易商和企業都越來越認同，不該讓中國獨占這個全世界獲益最高（且會越來越高）的商品。

歐洲人不願讓東方國家靠著自己的產品發財，於是致力於控制糖、鴉片、橡皮、咖啡和可可等重要植物產品的生產。英國成立了邱園（Kew Gardens）[1]，也在別處設立分園，「採集者」會把植物標本送到這些地方；只要英國占據了該植物的生產地，就能將植物據為己有。自然學家約瑟夫・班克斯爵士（Sir Joseph Banks）是一七七八年上任的皇家學會主席，他曾派出植物獵人到天涯海角搜刮這類樣本，許多「探險家」也接下了同樣的任務。

早在一七七八年，東印度公司就向班克斯諮詢過茶樹的種植。據他所說，茶樹最好種在緯度二十六到三十度之間，建議挑選印度的比哈爾（Bihar）、朗布爾（Rungpor）、柯契（Coochbihar）等地。綠茶（當時以為是另一個品種的茶樹）能在山區蓬勃生長，透過「適當誘因」可以確保由不丹人來負責栽種。他指出，許多中國人也會上船當水手。「因此我們大可假設他們在河南的鄰居會受到利益吸引，跟著他們上船」，把整叢茶樹連同種植工具運到加爾各答的植物園，再教導當地人如何照顧。他堅持茶對英國來說「至關重大」。

由於中國比其他東方國家還要難對付，其強盛的國力不可能被區區幾支軍隊扳倒，因此中國能與英國合作被認為只是空論。打倒「中國人的高傲自尊心」是必要之舉，但困難重重。要讓茶在其他地方生長，只能將茶樹移植到環境類似的歐洲殖民地，或是氣候更合適的地區，像是里約熱內盧或聖赫勒納島（St. Helena）。

荷蘭人率先移植中國茶樹。他們早在一七二八年便將茶樹運到好望角跟錫蘭，不過要到一八二八年，才在更靠近中國的爪哇開闢了真正的茶園。把茶樹跟種子帶離廣東的風險極高，因為中國政府提出懸賞，說可以提著他們懷疑走私植株的商人腦袋來換錢，還試圖扣押他們的船隻。爪哇勞工便宜、茶園生長順利，不過要到一八七八年引進印度的茶種後才真正起飛。

兩名英國大使前往中國，各自尋找將茶樹帶出國境的機會。班克斯偕同馬戛爾尼伯爵參加一七九二年的第一次出使，把茶種和植栽帶到加爾各答的植物園。阿美士德伯爵（Lord Amherst）在一八一六年送出的茶樹，則是在艱辛的運送途中遺失。

英國如此想方設法繞過中國產茶，主因還是經濟壓力；這有點像英國希望在本土紡織棉布，而不是仰仗印度織工。對中國產品的不滿日漸上升，背後的原因在於英國那時期經歷了第一次工業革命（約一七五〇至一八五〇年，核心概念是以機械取代昂貴、緩慢又不太可靠的勞力）；原動力與人類無關，就會便宜許多，也更加迅捷可靠。

生產技術不只在製造業引發革命（比如說初期的棉製品），同時並行的農業革命也致力於改善輪耕效率與人造肥料。農場成為製造作物的戶外工廠。一切的設計都是為了將效率最大化；各個工序仔細拆散、能改用機械的地方就盡量使用，盼以非人力能源來壓低成本。

英國人親眼見識到他們本土農業產量是如何大幅增加的，無論單位產量還是人均產量都令人刮目相看。他們投入大量煤炭取代獸力、風力、水力，成為世界上最強大的國家。發現茶的消耗量上升，許多商人開始思考要如何將機械化的嶄新生產力、新的能源與勞力運用方式套用到製茶產業。

假如茶的種植和加工一直照著中國傳統的框架運作，恆久不變，顯然不可能讓效率和收益達到巔峰。

過往照片捕捉到中國茶園雜亂無章的運作方式，揭示種植和加工茶葉的許多步驟都無比原始，一千年來幾乎毫無改變。茶農通常是舉家出動，到園子裡採茶。2

英國女性旅行家康斯坦絲・葛登・庫敏（Constance Gordon Cumming）在一八七〇年代描述採茶的光景，以及投入其中的莫大勞力。

採茶女工的人數以及她們拿扁擔扛著的沉重負荷令我震驚不已。扁擔前後各有一個大袋子，一袋重達半擔（差不多是六十磅）。這些神情開朗愉快的女工背負重擔，跋涉至少十多英哩，邊走邊聊天唱歌……茶園散布在丘陵地各處，形狀規律的灌木叢形成一塊塊綠色補丁。這些女性忙著挑出樹梢上的嫩葉，摘下來丟進竹簍。3

二十世紀初期的自然學家厄涅斯特・亨利・威爾森（Ernest Henry Wilson）提到高海拔地區的茶園，描述「園地延伸到海拔四千英呎處，樹叢挨著梯田邊緣種植。農民沒有給予太多關照，放任它們被三到六英呎高的雜草掩蓋。」4

茶葉採下後的加工程序也需要龐大的人力支持。一份手稿列出商業製茶的步驟：

> 在竹篩子上將茶葉鋪成五到六英吋厚，擺放在通風良好的場所，並僱用工人來盯著茶葉。從正午曬到傍晚六點，葉片逐漸散發香氣。接著是稱為「浪菁」的程序，也就是將茶葉倒進大竹篩上，徒手拋接三四百次；葉片會在這個步驟邊緣泛紅、冒出斑點。之後放進鍋裡烘焙，再倒進平坦的托盤上攪動。攪動是以雙手繞圈攪拌大約三、四百次。茶葉再度下鍋烘焙、攪動，重複三次。如果工人的技術夠好，茶葉會縮成漂亮的小團；如果是生手，茶葉會鬆散攤平，很不好看。下一步是放進焙籠並以大火烘烤，同時不間斷地攪拌，達到將近八〇%的乾燥度。之後散在平面上風乾到清晨五點，同時揀出荖葉、黃葉、枝梗。到了八點，用小火再「焙」一次。[5]

這些程序大概已經沿用了一千年。到了十九世紀末，根據庫敏以下的描述，某些細節確實經過修改。

茶葉攤在墊子上，放著讓太陽曬到半乾。之後放入極大的圓形平底托盤，赤腳的苦力用雙腳攪動茶葉，直到葉片各自捲曲……接著重複一次。茶葉又曬過一輪、用腳翻過一回，接著進入細緻的手揉階段。之後繼續曝曬，直到乾燥的茶葉中看不到半點綠色，便裝進袋子裡送到茶商手中。茶商們會親自監督用巨大焙籠烘焙的程序，至此茶葉表面堅硬，呈現深藍色……某些茶農在自家設置了炭爐，可以自行烘焙少量茶葉──不過這是特例。6

製茶過程中需要大量人力，然而千百年來並沒有發展出任何能節省勞力的機制。到了十九世紀末，面對阿薩姆工業化製茶的壓力，中國某些區域嘗試用機械取代人力，可惜全都因各種理由以失敗收場。7

從英國的觀點來看，這一切毫無效率可言。資本主義在英國帶動了農業革命，小農場合併成大農場。中國偏好的家庭式經營或僱用佃農的模式顯然缺乏生產力。他們需要的是大片土地或大量作物，才能實行大規模的「科學」耕作。英國永遠無法在中國達到這個目標。勢必要把茶樹移植到別處，以更妥善、更有效率的方式栽種培育。應該要像英國東英吉利農場的麥子或是玉米那樣管理，以少量的農工運用先進機械與磨坊、提升個人生產量，壓低成本的同時品質也更加良好。

在英國，可以透過水路和行駛在平坦道路上的馬車，把運輸成本壓到最低。可是在中國，茶葉從產地運到沿海地帶相當不容易，因此茶價居高不下。山謬・波爾（Samuel Ball）在一八四〇年代末的詳盡紀錄值得一提，對於中國製茶產業抱持憧憬的人，看過以下這段肯定會理想破滅：

> 紅茶運到廣州的路徑多半會通過江西省。首先，茶葉透過福建的閩江運到鉛山這個小鎮，再由腳夫扛著這些茶葉走上八天，沿著山路走到福州，渡過江西的一條條河流，送達南昌府跟贛州府。之後，歷經舟車勞頓來到梅關，這是江西與廣東邊界的山系。在這條山路上，腳夫再次背起茶葉——這段路程大約一天——運上大船，順流而下抵達廣東。從武夷到廣東，整趟運輸過程耗時六週到兩個月。[8]

大批汗流浹背的腳夫扛著茶葉翻山越嶺。雖然有時能走水路，但這部分還是需要大量人力；即便順流而下還算輕鬆，可之後仍得把船拉回上游。伊莎貝拉・博德（Isabella Bird）花了三頁的篇幅描寫十九世紀末期運茶工人的辛勞。

期間只能領到少許食物和薪水，「這些人做的是我從未在任何地方見識過的艱困工作……週復一週，從日出到日落」。

> 他們不斷前行，翻過河岸上稜角分明的巨岩、滑下光滑的岩石坡地、踏著同伴的肩膀攀上峭壁，或是以手指腳趾勾住小小的立足點。有時匍匐前進、有時踏著斜坡，只有腳下草鞋能止滑，隨時可能摔進下方的激流……這些可憐的腳夫冒著生命危險，拖著我們的商品逆流而上。他們拖著繫在沉重平底船上的粗繩，頂著水流將船隻往上游拉，途中浪頭翻湧和漩渦捲動。他們要不斷地使勁拉扯，有時負擔太重，得在洶湧水流中暫停幾分鐘。拖曳的繩索不時會斷裂，害他們仆倒在尖銳的岸邊岩石上。他們得在水中跟岸上來回移動，每天都面臨慘死的可能性。他們賭上性命，就只為了換來白米！[9]

產茶的山區地勢太過險峻，無法利用獸力。整段路途中，腳夫常常得背負沉重貨物徒步移動。威爾森描述他們如何扛著平均一百五十公斤、是他們體重兩倍重的茶葉。其中一段路程不到一百四十英哩，他們卻要走上二十天。「如此沉重的負荷使得他們每走一百碼就要休息一次。若是將貨物放下來，就不可能再次扛起，因此他們帶著可以在休息期間撐著背上茶葉的小型支架，如此便不需解開背帶。」經過飽受折磨的二十天，腳夫大約能領到一先令的酬勞，但「途中的住宿得自掏腰包」。[10] 這些腳夫的負荷龐大、身體卻很孱弱。他們不只往返貿易據點，還得前往圖博，路程同樣艱難。無數的掮客運輸人力對經過他們土地的茶葉收取過路費、稅金、保護費，讓成本更上一層樓。

然而這個系統的優勢，是來自數百萬家庭茶園的少許茶葉最終化零為整、匯聚到港口。人力和種植成本不僅相對便宜，也是貧困農戶和途中掮客重要的額外收入。英國人眼中的缺點是無法掌控整體製程、系統化地提升或監控品質，自然也無法運用先進知識和科學化方法管理茶樹生長、防治各式各樣的害蟲。

最後，港口的中國商人還想多賺一筆，這激怒了英國人。「外銷茶葉的成本中多了一個

	兩	錢	分	釐
栽種成本	12	0	0	0
包裝成本	1	3	1	6
運送至廣東的開銷	3	9	2	0
廣東政府收取的相關費用（關稅、行商的賄賂金、運貨上船的小船……）	3	0	0	0
合計	**20**	**2**	**3**	**6**

可觀項目，那就是行商的利益。」波爾在十九世紀中期如此寫道。[11]

上表是當時中國銷售茶葉每個階段的平均開銷。[12]

英國人希望能削減這部分成本。當來自其他層面的經濟與政治困境逐漸成形，這個任務就越來越有必要。

對茶的需求年年上升，英國人卻得仰賴那個強大到無法控制的國家才能獲得這項必需品。不過局勢變動極快，到了一七九二年以及一八三〇年代馬戛爾尼出使中國時，工業與軍力的成長從一個知名的事件一覽無遺。[13]

一開始少量茶葉賣到歐洲時，可以拿其他產品來支付貨款。從十八世紀後半到十九世紀初，英國還能運用他們對印度的控制力，拿孟加拉的棉布交換中國的茶葉。然而等到中國提升棉布製造技術，印度的廉價商品更加貶值（跟英國發展紡織工業一樣）。

西方與中國貿易的主要商品一向都是白銀。這個招數起初奏效——基本上就是一七二〇到一七七〇年，同時也是英中飛剪船直航的頭五十年。往後在諸多因素影響之下，不再能直接使用白銀。接下來，美國在一七七六年革命戰爭時，切斷了跟白銀主要產區墨西哥進貨的機會，銀價也因通膨上漲。英國對茶葉的需求量逐年飆升，卻沒有足夠的銀子支付茶款，危機就此爆發。大家都需要茶，卻又沒有籌碼買茶。當時浮上檯面的解決之道，便是用成癮性更高的毒品來換。

一七五八年，國會給予東印度公司在印度製造鴉片的獨占權。儘管中國禁止輸入鴉片，葡萄牙人仍透過種種地下管道將其賣進中國。一七七三年，英國從葡萄牙手中奪得這個商機；一七七六年，鴉片輸出量達到六十噸；一七九〇年更是翻了一倍。製造鴉片成了龐大的產業，光主要據點孟加拉就有近一百萬人受雇於此。在一八三〇年，英國總共將一千五百噸的鴉片賣進中國——以現在的幣值來說價值數十億美元。十九世紀的歷史學家約翰．戴維斯寫道：「該毒物在中國銷售的市值超過英國跟他們購買的茶葉，反而是他們要用白銀補足價差。」鴉片戰爭前夕，單是一八三三年就賣出了價值一千一百五十萬美元的鴉片，而中國輸出的茶葉價值僅有九百萬美元出頭。14

表面上，東印度公司獨占鴉片製造權跟茶葉貿易是兩回事。他們只是把鴉片賣給印度的英國商人，這些商人再透過中國的貪官轉手。公司並沒有實質干涉這些買賣，他們當然知道這是怎麼一回事。商人收到銀幣，回頭賣給東印度公司；白銀流回英國，交給代表公司去中國採買茶葉的窗口。合理推諉一向管用。中國的抗議無人理會，又或者被英國政府、公司推得一乾二淨。美國商人也如法炮製，但他們用的是鄂圖曼帝國純度較低的鴉片。

一八三〇年代前的五十年間，英國的鴉片外銷量增加了一千倍。中國官方試圖制止毀滅性的毒癮，卻始終無法如願。最後他們採取激進措施：升起熊熊烈火燒掉一整年份的鴉片，逮捕牽涉其中的英國人跟中國人。戰爭就此開打。一八三九到一八四二年間的鴉片戰爭中，英國戰艦粉碎了中國的海防，逼迫中國政府接受不平等條約，包括支付鉅額賠款、割讓香港，還得開放廣州、廈門、福州、寧波、上海這五個通商口岸。之後中國甚至賠了更多錢，必須與英國協定關稅。

感染毒癮的人數究竟有多少？無敵的清廷被遠方區區一個島國擊潰後，政局有多麼動盪不安？整體影響龐大到難以計測。十九世紀中期中國歷史上悲慘的毀滅與動亂開端、太平天國造成無數死傷，之後的義和團事變更是死了數百萬人，這些都無法與鴉片戰爭脫勾。哈布豪斯認為「中國這個以藝術、工藝、設計、靈巧思維、哲理著稱的泱泱大國，卻在短短幾年間遭到後來居上的白人強暴蹂躪。可以說就為了一壺茶，中國文化幾乎化為焦土。」15

其他歷史學家補充了一些但書。他們指出，其實中國國內製造的鴉片多於進口的份量，引進鴉片只是中國內部需求與中國商人墮落腐敗使然。英國沒有逼迫中國人吸食鴉片，雖然他們滿足了這份欲望。到了十九世紀末，中國製造的鴉片幾乎取代進口貨。但即便我們接受這些修正，也無法否認茶葉與鴉片的連結無比緊密：英國人對茶葉的渴求布下了鴉片戰爭的導火線，更在中國引發一連串後續效應。

說來諷刺，鴉片戰爭更突顯了茶葉貿易與依賴中國產品的脆弱本質。「一八二二年，皇家文藝學會提供五十枚金幣的獎金，盼找到能在英屬西印度群島種出大量中國茶樹的人。遲遲無人前來領賞。」作家愛德華．布拉瑪（Edward Bramah）這樣寫道。[16] 競爭令情勢更加急迫。荷蘭在爪哇成功找到了替代產區，一八三三年國會更中止了東印度公司在中國的壟斷權。開放的市場蘊藏更龐大的商機。可是，真有機會降低對中國的依賴嗎？到底能不能在印度種出茶葉？有辦法與廉價到難以置信的中國人力成本抗衡嗎？有兩篇報告大力支持此舉的可能性。

一八二八年，印度總督本廷克勛爵（Lord Bentinck）成立委員會研究這個計畫。他挑選了幾位商人和植物學家——其中名聲最顯赫的當屬加爾各答植物園園長南森尼爾．瓦立克（Nathaniel Wallick）讓他們閱覽一位沃克先生寄來的報告。開頭是一連串針對中國的詆毀：「中國政府的外交政策透出小心眼的性質。他們疑神疑鬼的作風，總令我們在東印度的無敵帝國笑得合不攏嘴——政府無知、自大、帶偏見……官員貪婪且腐敗，而我們自己人偶爾也會出現瀆職行為。」這讓英國難以使力。但他舉出各式各樣具有說服性的論點，來與這些缺陷對抗。

跟他們過去嘗試過的植物（例如芒果）不同，茶樹的移植不難，問題在於中國的抗拒。外國人無法深入境內，只能待在廣東。「他們只看到中國的一小角。假如中國人在英國的活動範圍只限於沃平（Wapping）[17]，那他對英國的瞭解也會極度有限。」他坦言「論誰都知道中國是地表最強盛的帝國」，因此有立場對舶來品設下嚴格限制，但他也說歐洲的武器更加先進。他暗示中國也能成為另一個受到蹂躪的東方國家，這則預言在數年後的鴉片戰爭應驗了。

沃克舉出許多數據，強調曾經是奢侈品的茶在英國已成為人手一杯的日常飲料，「是小老百姓餐飲的一部分」。政府每年靠茶葉就能收到高達四百萬英鎊的稅金，這是多少茶葉流出中國的跡象。茶在其他地方也種得起來。他要總督別忘了五十年前法蘭西斯・布罕南・漢彌頓（Francis Buchanan Hamilton）[18]從緬甸捎來的報告，裡頭記錄著名為景頗族的原住民會用籃子扛著茶葉到平地。

他說丘陵山間的砂質土壤適合各種茶樹生長；印度就有大片這樣的土地，而且「對東印度公司沒有太大用途」，可以從加爾各答或東印度公司派中國佬去監督種植和加工狀況。

印度人「慣於久坐、性情平和」，一天只要兩三便士就能過日子，是理想的勞工。東印度公司想提供本地人「合宜的工作機會」。最重要的是，假如東印度公司不再需要向中國買茶葉，就能提高這方面的稅收。

這份報告說服了本廷克，瓦立克博士則提出針對茶樹的報告。他認為茶樹喜好潮濕的谷地與河岸。這點固然沒錯，但喜瑪拉雅山麓的坡地（像是庫瑪翁山、加瓦爾、德拉敦、喀什米爾等）也值得推薦，因此他建議找個溫暖的地區做嘗試，再找個每年至少會降下霜雪六週的地區對照。

事不宜遲，茶葉委員會（Tea Committee）決定派其中一名成員葛頓先生（Mr. Gordon）到檳城和新加坡，有機會就溜進中國收集情報、樹苗和中國佬。葛頓準備了一串問題要向荷蘭人請益：爪哇的種茶地區雨量有多少？會起霧嗎？下雪？要搭配喬木遮掩嗎？肥料和灌溉呢？你們付工人多少錢？給他們吃什麼？裝茶的箱子如何製作？

荷蘭人爽快地給出解答，葛頓將報告寄回印度。荷蘭人在爪哇種了超過三百萬顆茶樹，但他們難以說動中國人移民，因為中國人怕海。「他們另外找了奴工」，這在印度完全不是問題。

他們也提出更崇高的利他主義觀點。將製茶產業從中國移到印度不只對英國有極大好處，印度人也能從中獲益。山謬．波爾在一八四〇年代針對當下情勢列舉出種種優點：

英屬印度和皇家屬地約有一億一千四百四十三萬人，假如他們跟中國人一樣成為茶的消費者，這個主要靠著農業維生的國家就有動力投入製茶工業。目前沒有價值、乏人問津的山地能獲得開發，帶動加工茶葉的產業，創造出其他非直接相關的產業需求。最後一個比較少人想到卻極度重要的議題，是政府將能獲得新的徵稅項目——考量到如此龐大的利益，不該讓這門生意只是曇花一現，而是大大鼓勵種植茶樹。既然印度政府越來越焦慮關切，他們就該認真思考這件事。

他也推測，若是喝茶習慣在印度風行……

考慮到印度教迴避葷食的習慣，我們可以推廣蒙古人把茶當成食物的方式，將茶葉跟奶油與麥片混成濃湯。這不但是新鮮的菜色，也能替他們粗劣的飲食增添一點養分。拿來沖泡的茶葉……則是大大增進他們的身心健康，幫助他們遠離酒精。19

也有其他人寫出類似論點，包括偉大的茶葉探險家羅伯特・福鈞（Robert Fortune）。

目前茶幾乎是英國與廣大殖民地的生活必備品，大規模種植、廉價加工的重要性非同小可。可是對印度本土的民眾來說，茶葉相當昂貴。困苦的山區貧農不可能每天喝茶，也不會把茶當成奢侈享受。他從自己土地種出來的作物，差點連送去最近集市的運費都付不起，更別說是拿微薄的收益購買少許奢侈品……若是拿部分土地種茶，他不但可以獲得健康的飲料，還有能賣到好價錢的商品。與茶葉的賣價相比，運輸費用僅是九牛一毛。他將能讓自己和家人過上更舒服愉快的日子。20

唯一的問題在於茶要種在哪裡，以及如何改良種植技術來獲取更高利益。這些難題的答案在無意間浮現：英國突然在自己能控制的土地上找到合適的製茶據點，而後不久更成為茶葉產業的世界中心。

07 綠金

一八二四年三月十三日，英國部隊從加爾各答緩緩進軍，槍枝武器綁在大象背上，準備攻下阿薩姆地區。

他們不急，只是要驅逐緬甸人而已。這個遙遠又貧瘠的國度已是他們的囊中物。東印度公司的部隊途中沒有太多顧慮，緬甸人則因霍亂侵襲而無力抵抗。一八二六年的《楊達波條約》（*Treaty of Yandabo*）簽訂後，英國獲得原本遭緬甸占領的印度土地，外加三分之一的緬甸國土。六十年後，英國完全占領緬甸，達爾豪希侯爵（Lord Dalhousie）[1] 將此舉戲稱為「三口吃光櫻桃」的第一口。

新上任的駐地專員大衛．史考特（David Scott）態度溫和。「我們並非為了征服的欲望踏上您的國家，而是為了自我防衛……為了不讓我們的敵人有辦法攻擊我們。」他對緬甸國王和他的臣子如此說道。阿薩姆這塊土地長久以來貧瘠而混亂（當地有著狂熱又令人不太愉快的宗教活動）。三面環山的地勢、不太友善的原住民，它並不是東印度公司亟欲納入版圖的區域。僅管這是一家貿易公司，東印度卻是印度的實質統治者，負責簽訂條約、組織軍事活動和收稅。直到緬甸軍隊逼近他們與孟加拉的邊界，威脅到英國皇室獲益最高的瑰寶，東印度公司才認為他們該行動了。

緬甸占據阿薩姆地區三年，當地民眾衷心樂見他們失勢。正如每一支踏上貧弱土地的貪婪軍隊，他們以空前的狠勁殺燒擄掠；據說他們把人活活剝皮、丟進油鍋，還對宗教集會所放火，把所有的人燒死。他們也不顧河谷氾濫，沒有建築堤壩。莊稼被洪水沖走，大批本地人和緬甸人死於霍亂等傳染病。或許緬甸人對這塊土地也沒有多少留戀，據說他們帶走三萬名「奴隸」，越過山脈回到他們自己的領土。原本人口稀少的阿薩姆地區，現在更加冷清了。

東印度公司面臨如何管理阿薩姆地區的難題。是否要保持王位（在那之前得先決定國王是誰），或是跟印度其他區域一樣乾脆併吞此地。他們想出一個妥協方案：年輕的普魯達爾・辛加（Purander Singha）國王可以統治稅收較少的上阿薩姆（也就是東北部），下阿薩姆則由公司掌管。辛加國王在一八三三年四月即位：禮炮十九響，儀式莊嚴肅穆，但觀禮者有一部分支持的是他的政敵。他每年得支付公司五萬盧比維持王權（這是英屬印度最高的進貢金），也必須依照指示協助鋪設道路或支援軍事行動。

或許東印度公司早在幾年前就注意到這個地區，也很樂意支援武器給能逼退緬甸的各界勢力（就連一小群印度士兵也獲得他們的補給），但他們基本上心不在此，僅是對其與中國接壤的東北邊界有些興趣。阿薩姆地區的邊境從未明確被劃出，大家僅是抱持著模糊的概念，隱約覺得那裡有關口能進入圖博，以及中國的南方角落雲南。

英國人致力於找出一條往東北延伸的途徑，企圖以雲南為接點，連上廣大的中國市場。他們也往西北方的拉達克（Ladakh）試探過，但是受到俄羅斯與法國的阻撓。印度總督華倫・海斯汀（Warren Hastings）對不丹興致勃勃，將中國茶樹種子捎給他的特使喬治・博格（George Bogle），要他帶著種子和其他貿易物資進入圖博，尋找另一個切入點。一路上，博格繞過阿薩姆地區一角，紀錄了當地的娑羅樹林、稻米、芥子、菸草、鴉片與棉花。

他滿懷熱忱，認為英國擴張勢力版圖的一切阻礙都能以「探險」輕鬆應付。進入阿薩姆境內後，一切順利極了。「在阿薩姆待上幾個月，我們就能自給自足，不靠公司支援。」不幸的是，緬甸國王占據了大半通往中國的山脈隘口，但英國已在檯面下判斷遲早會將他趕跑，即使現在說這個時機尚早。

阿薩姆過去從未被人征服過。在十三世紀，緬甸大軍也是從胡康河谷撤離，流浪的撣族人一波波湧入這個區域，沒受到多少抵抗便建立起王國。他們將這裡命名為「黃金庭園之國」，這個位於布拉馬普特拉河旁的國土物產豐饒，加上十多條支流，打造出林木蓊鬱的環境。另一個別名是「蠶繭培育者之國」，當地人在森林裡養殖了大量的蠶。每一個阿薩姆女性都懂得如何織出華美的絲綢，不會織布是找不到結婚對象的。

過去的統治者將水稻引進河谷，五百年來生活富足。阿洪姆王朝相當寬容，與系出同源的山區部落人民發展出和平共處的生活模式。印度的蒙兀兒帝國（Mughals）聽聞這個遙遠國度有著豐富的林業資源與大量象群，心生歹念，卻被阿薩姆地區固有的強大武器——叢林、泥沼、熱病——打得落花流水。

阿薩姆地區大致上能自給自足，只有一項物資除外，那就是鹽。見識到英國在孟加拉的所作所為，他們不希望外國人涉足此地。他們在邊境設下大量重兵戒備的關哨，不讓虎視眈眈的商人越界。貿易商僱用印度的傭兵團，彼此在吵鬧不休下集結成一個個小商會。東印度公司掌握著鹽的買賣合約，這是唯一真正有利的項目。

黃金庭園漸漸分崩離析。王朝核心鬥爭連連、日漸衰弱，使得叛變與侵攻四起。當他們向英國求援時，總督康華理伯爵（Lord Cornwallis）看出這是進入禁區的大好機會。他派魏許上尉（Captain Welsh）帶上三個連的印度兵，指示他們「不惜辛勞爭取機會好好調查一番，取得人口、民情風俗、貿易、製造業、物產等情報。或許未來要從此地獲利，必須維持最友好的關係。」

魏許上尉的人馬中除了醫師，還有鐵匠、軍械維修員、火伕、木匠，以及幾名英國一等兵。願意參與遠征的醫師很好找，畢竟他們沒多少白人病患要診療。這次的隨隊醫師約翰．彼得．瓦德（John Peter Wade）資歷平凡，最初是在馬拉塔戰爭（Maratha Wars）期間擔任軍醫，不過他最大的優勢是與住在印度北方瓦拉納西（Benares）的富商法蘭西斯．弗克（Francis Fowke）有交情。弗克靠著買賣鴉片和鑽石累積驚人資產，他父親是山謬．詹森（Samuel Johnson）的朋友，在倫敦的東印度公司地位舉足輕重。

軍隊開給瓦德三百盧比的薪水，可說是相當優渥，而他也對於踏入未知國度感到興奮不已。他在寄給弗克的信中寫道：「阿薩姆並非以開採鑽石著稱，他們的重要產物是砂金，對工業和貿易來說更有利。」此外，「我們即將進入幾乎沒有歐洲人涉足的王國」，因此競爭壓力不大。有弗克這個朋友在，他很清楚印度蘊藏的龐大資源，就連東印度公司旗下最不起眼的小商會也能輕鬆獲取。魏許上尉讓國王即位確實是為了交涉商務合約，好給東印度公司鹽貿易的獨占權。瓦德對弗克說他期盼的就是這樣的安排，希望能取得十五萬盧比。

此地還有其他資產。魏許從皇宮裡驅除反叛者時，發現庫房裡有價值十萬零五千盧比的寶物。瓦德負責管理戰利品，他與其他同樣職位的夥伴「根據慣例」擅自瓜分了這筆財富。他們注意到這裡有金礦和罌粟花，請加爾各答送上「幾船鹽巴跟鴉片」當成賄賂。他們錯過了生長在密林間的真正綠金。茶樹沒有太出彩的特徵，默默開著白色小花，不怎麼引人注意。旁邊有更多看似更值錢的林木——柚木、檀木、供蠶食用的蓖麻等。深藏在樹林裡的茶樹將會讓簽訂《楊達波條約》的英國人喜出望外。

可惜新上任的總督約翰・蕭爵士（Sir John Shore）給魏許跟瓦德澆了冷水；他取消遠征，不贊同在阿薩姆地區掠奪資源。他說應當要審慎行事，不該趁火打劫。他不想太過涉入阿薩姆的事務：他們（阿薩姆人）必須自己決定誰當國王。

在這個節骨眼，一位名叫羅伯特・布魯斯（Robert Bruce）的商人登場了，他是少數在阿薩姆紮根的貿易商之一。原本受雇於其中一方，接著替另一方做事，最後替立場日漸艱辛的緬甸效勞。他的兄弟查爾斯・布魯斯（Charles Bruce）也在南亞打拚，掌管一艘英國砲艇。他們正如作家康拉德筆下的冒險家，也發現了讓英國賺上好幾個世代，並改變阿薩姆物質、社會與經濟風貌的資源。

阿薩姆人起先相當歡迎《楊達波條約》與他們的新任統治者。英國人願意接下這個爛攤子，自然大受歡迎。然而他們剛跳出緬甸的油鍋，又落入英國的烈火之中。十年後，加爾各答的總督立場至關重大。「我們至今並沒有妥善治理阿薩姆……這個國家走上回頭路，村莊衰敗、稅收年年下滑……他們出現走向貧困與憂鬱的趨勢，農民越來越少、人口大減，毀了原本可能給英國政府帶來莫大稅收的資源……也剷除那些原本對統治者保持感激的人。」

文中的「莫大稅收」正是糾紛源頭。阿洪姆王國的稅賦制度鬆散，取而代之的是大批「稅金收割者」帶著農民們看不懂的課稅文件踏遍全國。他們測量原本被忽視的區域，對舉目所見的一切（檳榔樹、淘金、漁業、林業等）進行課稅；稅金必須以現金支付，這對一個沒有貨幣的國家來說相當困擾。

拉賈斯坦（Rajasthan）的貸款者馬爾瓦里人逮到混水摸魚的機會，發展出一套系統——農民把作物交給馬爾瓦里人，他們拿現金支付稅金。窮困潦倒的農戶賣掉家財的景象隨處可見。勒索、貪污是收稅者與馬爾瓦里人雙方的常態，他們不會錯過任何一個機會。不少人民出走到不丹和孟加拉，而唯有大批往反方向湧入的孟加拉移民能阻止人口流失殆盡。

阿薩姆地區的大地主曼尼拉姆・達溫（Maniram Dewan）寫了一封忿忿不平的投訴信，描述當時的情勢「宛如住在老虎的肚子裡」。起先他支持英國占領，卻發現自己被排除在提供給歐洲人的慷慨土地買賣專案之外，因而對英國感到幻滅。英國敞開了過去密不透風的邊境，孟加拉人湧入後在看似無主的土地上落地生根，這也讓曼尼拉姆氣憤不已。被飢荒餓怕的孟加拉人比阿薩姆人還要勤勞。他們從一開始就惹人厭，社經與種族關係的崩壞也延燒多年（更棘手的是他們是穆斯林）。

根據公司的說法，被歸為荒地的森林並不屬於任何人。英國打算以極低的費用租借雨林，不過只借了幾百畝。沒有半個阿薩姆貧農能抗拒這份優渥的提案，他們也無法據理力爭，證明這些不是無主荒地。這些林地是每個村子的共有土地，內部規畫妥善，對當地經濟相當重要。裡頭有能做成各種生活用品的竹子、作為燃料的木材、草藥、牧場、大象、墓地、染料、蟲膠、樹脂、蜂蜜、焚香，還有蠶的食物。

就算沒把林地剷平，英國人也不許村民進去撿木材。窮人的訴求全被擱置，主因是他們懶散成性且大多對鴉片成癮。他們禁止當地民眾種植罌粟，只有東印度公司的人馬才可以種；公司整理出大片土地，並插上圍籬、派人看守，準備拿來製造鴉片。公司成員到山區尋找通往東北的途徑時，總會帶著鴉片四處行賄。

傀儡國王辛加毫無招架之力。等到英國發現茶樹的存在，才意識到他們給錯了土地，把有茶樹的部分讓給了辛加。外交專員決定要展現「財迷心竅、狼心狗肺」的性情逼他退位，不再多談。他的兒子加入大地主達溫的反抗勢力，之後便再也沒有這個曾經強大豐饒王朝的消息。最後，就連墓地也遭到掠奪，犯人很可能是急需用錢的王室成員。

拿下這片谷地後，東印度公司將注意力轉向從三面環繞此區域的山地。山上的居民不多，但民風剽悍。十九世紀的殖民者對原住民的態度可想而知，他們把自家蘇格蘭高地的傳統宗族稱為蠻族。在他們心目中沒有什麼文雅的野蠻人，至少在東方是如此。山區部落的原住民骯髒、凶狠、滑頭、信仰異教且幼稚。「邪惡又野蠻，身上污穢無比」、「面容醜陋又野蠻」、「無法饜足、躁動難安又難以捉摸」以及「無禮又奸詐的傢伙」是白人對剛併吞的阿薩姆地區藏緬族群的第一印象。

山區的原住民運氣不好，碰巧都住在對英國來說至關重大的區域——一名調查人員對此給出評價，說這裡是「天造地設的優質途徑，便於國與國之間的貿易……利益微薄又難以通行的叢林」，然而「清澈的溪流中布滿砂金……山中蘊含寶貴的石材與銀礦，空氣飄散著大量野生茶樹的芳香……或許可以把這裡規劃成絲綢、棉花、咖啡、砂糖與茶葉的園區，綿延數百英哩。」他們認定這片伊甸園不歸任何人所有，住在此地的人被視為某種動物；若不是死得一乾二淨，就是躲進別的叢林。

然而這群山區原住民不容小覷，他們占據了通往中國的途徑。為此，首先要在山區與平原之間規劃界線，而英國派出地形測量局。這些調查人員同時也是間諜，看在部落居民眼中可疑到了極點，有時甚至動手砍了他們的頭。然而，最棘手的是山間居民會到河谷掠奪，干擾新管理單位最重要的任務：收稅。

新任駐地專員和他的副手，對於阿洪姆人放任盜匪的態度大皺眉頭。在邊界上曾有一塊名為Posa的無主地，山間部落居民每年會來這進行勒索——每戶人家繳交一塊布，他們就不會進一步作惡。Posa定期舉辦市集，山區居民會帶來棉花、蜂蜜、象牙，以換取白米和鹽。整體來看，雙方維持了和諧的平衡。山區與平地居民各以不同的理由瞧不起對方；英國人則是雙方都瞧不起，只是對山區居民更加戒備。扛著沉重步槍上山、度過吊橋很不容易，叫苦力背負補給品和裝備也是個問題……這些人可不好控制。英國打算建立永久性的苦力公司，也考慮把罪犯當苦力使喚，可在阿薩姆這樣缺少重罪的國家，沒有多少囚犯能用。

除了干擾收稅外，英國人不太在意每年來Posa捲走布疋的野人。該怎麼做呢，沿著邊界建造整排要塞嗎？即使能阻止那些阿波爾族（Abors）、密西密族（Mishmis）、密里族（Miris）、戴胡拉族（Daflas）和那加族溜過來外，這麼做又貴又麻煩。他們想讓整體局勢稍微有些秩序，同時要阿薩姆人知道誰是老大，也就是劃清界線、派兵出征、提出種種合約。一名阿波爾族首領看到合約的反應是當場吃掉。在一八三五到一八五一年間，光是為了對付那加族就出了十趟遠征。茶樹沿著他們的邊界種植，逼退他們是當下要務。

這些遠征所費不貲，達爾豪希侯爵判斷它們全是無用之舉。他下令「我們應該守住自己的土地，別去干涉那些野人的陳年恩怨……要是他們惹出麻煩，那就嚴格禁止他們販賣手中物資，或在他們動盪時給他們買些必需品……最好以更低的成本、更公平的手段處理，而不是藉由口頭宣言或實質占領來公然併吞他們的國家。」達爾豪希併吞領土的手腕一流，他認為最好在丘陵山地間劃出隱形的界線，放那些山區部落在裡頭為所欲為。在通往中國的關口附近劃出更多界線，未來也要讓傳教士加入貿易貨車進入中國。「就算中國人不讓外國人踏上他們的港口，這些傳教士或許能在帝國的核心種下基督教的種子。」

一開始的十年間，駐地專員大衛．史考特忙著收稅，建設第一個山區駐點乞拉朋吉鎮（Cherrapunji）並在該處終老。他取得這個據點以及其他區域的手段有待商榷，但沒有人質疑他，除了那些被剝奪財產的土著首領。

阿薩姆的交通環境一塌糊塗，河川變化多端、叢林危機重重，不過這些缺點很快就被拋諸腦後。查爾斯．布魯斯跟羅伯特．布魯斯兄弟在此落腳、娶了當地女性，還在旅途中碰巧發現了即將改變阿薩姆、印度，甚至是全世界的植物。然而，在得知阿薩姆有野生茶樹後過了十年，英國對此依然毫無作為。加爾各答植物園的專家收到大衛．史考特從曼尼普爾送來的標本，認為這種植物同為山茶科，但與中國茶葉不一樣。

與此同時，布魯斯兄弟在與山谷邊緣的部落民族交易時，發現了他們確信是目標的寶物。羅伯特．布魯斯說他與某位部落首領談好，跟他挖了一些植物，要他兄弟交給大衛．史考特。史考特將部分種在自家庭院，其餘的送去加爾各答給瓦利克博士（Dr. Wallich）過目。他向瓦利克保證道：「這個區域的緬甸人跟中國人都認定這是野生茶樹。我曾得到過比現在送去的這批還完美的種子，只是現在找不到了。它的形狀跟百科全書上的圖片吻合。」

接著他找到了遺失的種子，「跟其他的一起裝在錫盒裡寄過去」。種子是辨識植物的關鍵，但這無法說服瓦利克。阿薩姆輕步兵營的安德魯．查爾頓中尉（Lieutenant Andrew Charlton）卻突然起了興致，聯繫農業與園藝學會。他描述「蘇迪亞（Suddyah）的原住民有拿這種乾燥樹葉沖泡飲用的習慣……這種葉子曬乾後的香氣跟滋味與中國茶雷同。」當局仍舊毫無動靜。

到了一八三五年一月，葛頓先生還在中國，一封電報從阿薩姆傳到茶葉委員會。總督的使者詹金斯少校（Major Jenkins）以及查爾頓中尉寄出報告，附上他們在上阿薩姆採集到的茶葉與果實樣本。這回有了新鮮的種子，瓦利克總算能判定這是真正的 *Camellia sinensis*（即茶樹）。詹金斯表示：「在這個山岳地帶，茶樹隨處可見。此外，我們在碧沙（Beesa）的景頗區管轄範圍內也有葉片粗糙的變種，肯定是原生種……它四處生長……聽說從這裡要走上一個月才能抵達的中國雲南省也種了大量茶樹……我認為這就是如假包換的茶。」從這裡到雲南的範圍內都是茶樹，還有比這更好的消息嗎？

事實上，詹金斯跟查爾頓早在六個月前，就幾乎篤定他們在公司勢力範圍邊緣的景頗區找到了茶樹的「粗糙變種」。查爾頓親眼目睹景頗人將葉片煮熟、壓成小球。他甚至送了一壺景頗人沖泡的飲料到加爾各答，但瓦利克直到收到最後這批種子，才真的相信他們的發現。

眾人欣喜若狂。委員會誇口道：「這是目前為止全帝國在農業與公共資源兩方面最重要、最有價值的發現。從塞迪亞城（Sadiya）到雲南，在阿薩姆境內的原生茶樹。」雲南迄今未受他們控制，但現在要開闢出通往該地的道路。

隨之而來的構想越來越失控。詹金斯提議派兩三個「有本事的中國佬」翻越帕凱山脈（Patkoi），進入雲南募集更多同胞來阿薩姆種茶。他似乎以為，只要「身為中國人」就自動具備種茶技術了。詹金斯浮想連篇，認為這一大片遭到忽視的叢林與山地能供三四百萬人落腳。原本只要把地上的東西一掃而空就好，然而還有「大批撣族」礙事。要不要乾脆拿下緬甸，然後將雲南從中國切割出來？

如此光明璀璨的願景，頓時讓世界的其他角落全都不重要了。現在誰還有空理會里約熱內盧？聖赫勒納島又是什麼鬼地方？葛頓被召回印度，查爾頓的茶飲樣本在五月送到瓦利克的辦公桌上時，他宣稱這東西可以入口，只是有些走味。這確實比常駐法官本尼上校（Colonel Burney）送來的緬甸版茶飲還要美味。

瓦利克帶著格里芬斯和麥克萊倫博士（Dr. Griffiths and Maclelland），三位專家在八月動身，要親眼確認能在阿薩姆找到多少茶樹。查爾斯．布魯斯授命接應；從語言到跟地方首領交涉的原則，他們對這個區域都一無所知。布拉馬普特拉河的氾濫拖住眾人腳步，他們花了四個月才總算會合，但至少沒在沙岸上擱淺（這是涼季常見的事故）。即使路途艱辛，大象、牛車、小舟和步行，對植物學家而言肯定是美妙無比的體驗。現今有數十種植物冠上瓦利克或格里芬斯之名，可以想見他們當年是多麼的歡喜。

他們來到東方的上阿薩姆區域，取得了更大的成就。格里芬斯寫下這趟遠征的紀錄，回想抵達某個景頗村落時，當地村民「粗壯又健康，而且自在、隨和、獨立。」阿薩姆東部的景頗人準備好帶他們四處視察。一月十六日，「我們放棄親眼見識長在原生地的茶樹。」他們在叢林裡跋涉了好一會兒，茶樹就這麼突然地映入眼簾。「這種植物只生長在一小塊區域內，大概三百平方碼……我們很幸運，能同時看到它開花和結果的姿態……這裡的茶樹很高、枝幹苗條、樹冠極小，而且長得不太好。粗壯的茶樹很罕見，多半被景頗人砍掉了，這些原住民過度揮霍資源。」

不過，這些原住民倒是能表演他們是如何使用茶葉的，這讓三位專家首次獲得第一手製茶情報。「他們只用最嫩的葉子。」格里芬斯寫道：「他們用巨大的乾淨鐵鍋將茶葉烘到半乾，其間不斷徒手攪拌茶葉。烘到一個程度，他們把茶葉放在太陽下曬了三天，沾上一些露水又曬乾，最後裝進竹筒、緊緊封口。」

在密林裡歷經一番探索，他們過了河、找到大片野生茶樹，也為住在這個區域的人找到「不由分說的」未來命運。之後，此處成為第一座實驗茶園，在時機成熟時遭到「併吞」。四十年後，曼尼普爾的官員表示他想自己種點茶，但首領請他住手；因為若是成功了，他的國土就必定會跟瑪塔克王國（Matak raja）[2]一樣被奪走。

瓦利克跟麥克萊倫回到加爾各答報告他們的發現，格里芬斯則前往緬甸。他與緬甸的常駐法官貝菲德博士（Dr. Bayfield）會合，兩人又找到另一種茶樹。「我在這裡找到的茶樹葉子較小，質地也更細緻。」但泡出來的飲料滋味苦澀。當地的中國人「提到叢林裡的野生茶樹，表示那並不能製成好茶。他們說還有很多有價值的其他品種。」他們對茶樹的強烈興趣相當明確。

瓦利克與茶葉委員會忙著安排派中國人去阿薩姆，查爾斯・布魯斯持續探索，隨時向詹金斯報告他的成果，並在一八三七年八月交出成果豐碩的報告。裡頭談到，他帶著一名僕人與兩名腳夫進入景頗族部落跟首領洽談。他曾帶瓦利克拜訪過這位首領，對方再三保證除了先前提過的部分，附近沒有更多茶樹了。首領承認「在他家附近有一大片」，而他並未說謊，還表示就是全部。布魯斯盤腿坐在地上，拿著景頗族的菸斗抽菸與首領稱兄道弟，槍就放在身旁。「首領拿起布魯斯先生的槍，求他幫忙向駐地專員請求也賜給他一把」，因為其他部落首領都有領到槍。[3] 布魯斯說，只要給他更多情報，就把槍送給首領。就這樣，他們進叢林尋找其他茶樹，布魯斯還說服首領幫忙清掉周圍林木，將少數茶葉加工。布魯斯認為這裡的茶跟中國不相上下，因此回部落掏出更多錢和鴉片，哄得首領大開門戶。

布魯斯的語言能力與合宜的禮儀，在他尋找茶樹的過程中功不可沒。前一年的十月，他再次冒險渡河來到瑪塔克部落（Muttock）境內的摩亞馬里亞區（Moamarias）；該部落的反叛導致了阿洪姆王朝的衰微。他在此發現「善意與少數的禮物」便能滿足這些原住民，「儘管他們原先守口如瓶，我還是獲得了大量情報，茶樹的蹤跡一個接著一個傳入我耳中。」他對原住民說他是來「讓他們的國家受益……但我不認為有誰相信我的說詞，他們抱持強烈偏見，認定我是在說反話。」他對「大君」（Rajah）說公司會教他們製茶、跟他們買茶葉；「所有的利益將歸給他和他的國家，因此他應該要協助清出林地、加工茶葉。」

他在此地還發現特殊的現象：村民在整頓耕地期間，砍掉大半茶樹枝葉、鋤掉四周雜草。兩個月後他們收割稻米，被砍低的茶樹也冒出芽。到了十月，茶樹長到三至十英呎高。布魯斯將十英呎高的茶樹砍到只剩四英呎，嫩葉從切口下萌發。他學到了一招：茶樹被砍斷時會長得更快，也注意到茶樹在水邊長得最好——看來它不需要砂質山坡地。

瑪塔克部落似乎是最有潛力的實驗地。布魯斯向「大君」說明英國政府「焦頭爛額，急著拿大把鈔票換取他領土上的茶樹」（讓對方覺得是幫了英國大忙），並再三承諾東印度公司會在首領學會製茶後買下茶葉。布魯斯說他只需要自費清空林地。他向詹金斯打包票，只要能說動景頗人，「整個上阿薩姆就是我們的茶園」。

同樣在一八三六年十月，第一批中國佬進入阿薩姆；兩個月後，六箱加工完畢的茶葉即將送往加爾各答。查爾斯．布魯斯對詹金斯報告這些中國人「對我們的茶樹又驚又喜」，但其實裡頭只有兩人懂得製茶，因此他希望能再訓練出十多人。他發現，景頗人很快就對此喪失興致，清除林地的工作「只在心情好的時候隨意做做」。

當地的茶樹不夠，布魯斯得要從同一區域移植過來，也在過程中他發現茶樹並不排斥移植。大約三千棵年輕茶樹花了八天時間，從原本的生長地遷移至此，適應良好。「看得出它們多有韌性。」布魯斯在一份關於阿薩姆茶葉產業的報告中如此說道：

> 可以說是史無前例，村民把它們從叢林裡連根拔起，沒放半點土便直接裝進竹簍讓人背著走上兩天。然後他們又搭上獨木舟，只在根上留了少許土壤，就這樣過了七到二十天才抵達我這邊，再走半天路抵達種植預定地，歷經四、五天只沾得到一些潮濕土壤的生活，最後才種入地裡。沒想到這些茶樹長得很好，絕大多數都活下來了。[4]

瓦利克和詹金斯設想只要「有大量勞工」就能諸事大吉。應該從印度東部的喬塔納普高原（Chota Nagpur）找來「勤奮的人種」，換掉懶惰的阿薩姆人和景頗人（他們大概都有鴉片癮）。有了這些勞動力，布魯斯的實驗茶園年產量能達到兩百至三百箱茶葉，到時候「金主就會出手」解決勞力問題。這已是茶葉產業最頭痛的難題之一。

陷入前途茫茫、沒有退路的境地；四周叢林裡滿是野象、老虎，數量多到像是水蛭和老鼠之類的害獸；遠離家鄉，沒有女人或其他娛樂，只有景頗人作伴……查爾斯·布魯斯相當擅長鼓舞他的中國佬手下，讓他們不至於壓力大到崩潰或逃跑。

他定期寫信回報，詹金斯把消息轉給加爾各答，一次訊息傳遞就要花上幾個禮拜，還無法保證送達。但是，布拉馬普特拉河的存在對製茶產業無比重要。雖說這兒在雨季時動盪不安、難以預測河道會如何改變、冬季露出水面的沙岸總是出乎意料，但它是地勢封閉的阿薩姆地區中難得的運輸管道。相對地，荷蘭人在爪哇得靠牛車運送茶葉，走過漫長崎嶇的路途來到港口。

布魯斯寄給詹金斯的報告中，鉅細靡遺地描述中國人如何加工茶葉，這是當時英國掌握的情報中最詳盡、最精確的紀錄。布魯斯說，首先要用食指和拇指摘下枝端的四片嫩葉；日本的採茶工人會戴手套來執行這個精細活。散在竹篩上的嫩葉於太陽底下曬乾，並拿長竹竿翻動以幫助茶葉凋零。之後，將茶葉送進室內降溫半小時，再放到小竹篩上以雙手拍打十分鐘後丟回竹篩裡；這個步驟要重複三次，直到所有茶葉質感如同柔軟的皮革。

接著將茶葉放入熱騰騰的鑄鐵鍋、燒竹子生火加熱，起鍋後仔細攤開、徒手迅速翻動後再回鍋烘焙，重複三、四次。然後，將茶葉攤在桌上並分成幾堆；每一堆獨立處理，以滾動的方式逼出水分。這需要細膩的手法，重點在於「搓成圓球，在掌中往前翻滾兩三回，直到手臂伸到最長，再迅速把茶葉團滾回來；不能落下半片葉子，就這樣滾動五分鐘。」手勁必須輕柔，要雙手攤開來捧起葉子，再讓它們輕輕落下。從竹篩裡撈起茶葉時再拍打幾下，好讓它們散開。茶葉落入火中就會燒出煙來，所以竹篩絕對不能擱在地上。

烘到半乾後，將茶葉放到架上過夜。隔日，再將其烘焙到脆度恰到好處，然後放進大竹篩以「小火」烘烤，並用手指不斷測試脆度。完成後將其拿出，以穿著乾淨襪子的腳踩踏裝箱。清潔、細膩的手法之餘，最重要的還是手指的觸感；累積長久經驗才能確認何時該進入下一個階段，顯示出一開始教導正確技術的重要性。雖然不清楚背後原理，但他們仍摸索出這套工法，科學家日後將其反覆檢驗、測試、實驗，還寫了許多專書探討。多年來，最早一批茶農依循布魯斯紀錄的步驟製茶，而這對許多人來說也是手邊唯一確實的資訊。

一八三七年從阿薩姆送來的大量茶葉樣本令總督驚豔不已。然而，即便布魯斯帶來豐碩成果、隔年交出的十二箱茶葉也獲得良好評價，專家們針對在何處、以何種形式設置第一座實驗茶園的意見仍是分歧。大部分人依然主張一定要用中國品種的茶樹，所以葛頓先生再度前往中國收集更多植株，在加爾各答栽種後將種子送往阿薩姆。他們也爭辯著，究竟要種在平地還是山區。來自庫瑪翁的休．法康納（Hugh Falconer）博士[5]堅持「茶樹應該要在更冷的環境才能蓬勃生長」，也就是喜瑪拉雅山區。於是，種子與植株被送往各處。

到了一八三九年，已經找到一百二十處野生茶樹的生長地，但當局依舊偏好中國茶樹，使得兩類型茶樹發展出品質不佳的混種。直到一八八八年，人們才完全捨棄這個「一文不值的中國變種，阿薩姆的害蟲」。經歷這些錯誤與掙扎，當局認為該把整個製茶產業交給私人企業打理。

08 茶葉狂熱：阿薩姆（1839-1880）

在國家被賣給外國人時，沒人過問阿薩姆人的意見；他們目睹自己土地上的森林被數千畝灌木茶園取代，利益全流向加爾各答和倫敦，卻沒表現出反對之意。可以用這個國家的民族性與內陸地勢，來解釋他們的逆來順受。阿薩姆人在自己力量所及範圍內，拒絕協助製茶產業：他們不進茶園工作，也不讓他們的女人頂著日曬雨淋站上一整天卻只換到微薄的工資。他們不像印度其他區域的人民那樣饑貧交加。看到那些絕望的貧民湧入阿薩姆、顛覆社會平衡並讓物價上漲（特別是米），他們大可改變心意。但他們沒有。

面對新進統治勢力，阿薩姆人的優點同時也是他們的缺點。他們沒有強烈的種姓區隔；理論上這個地方也有種姓制度，但比較接近職業分類，某些職業比其他職業高尚。沒有人遭受排斥，女人不需要躲在深閨。沒有機制讓人民一同與掌權者交涉，以強硬反抗政局時勢。阿薩姆的犯罪事件相對稀少、種姓意識薄弱、日常生活自己自足，所以當歐洲人、孟加拉人、馬爾瓦里人、錫克教徒湧入時，當地居民覺得自己遭受排擠。他們能做的不多，只好以旁人眼中被歸為軟弱懶惰的消極態度來面對。以行政管理的角度來看，這倒也無傷大雅，但對茶農來說就令人火大。

調查人員和探險者帶著測量儀器與賄賂品深入山區、劃出隱形的界線，並要山區原住民待在線內。另外，有些勇士帶著十字架與治病藥物。山區原住民屬於泛靈信仰，目標是撫慰、取悅邪靈。由於包括疾病在內的厄運都來自邪靈，而他們的醫療手段僅有獻祭一途，因此那些在平原印度教勢力範圍內成效不彰的傳教士，對此地可說是滿懷期望。他們認為，只要讓原住民改信基督教，就能帶給他們文明。

一八三九年，政府把阿薩姆出租給開價最高的買主，自稱阿薩姆公司（Assam Company）的企業拔得頭籌。一群商人在這年的二月十二日到溫徹斯特大街（Great Winchester Street）討論這件大事，他們提到惹人生厭的中國人「指揮當地野蠻人，而英國民間普遍認為應該放棄中國」，因此需要替代的茶葉來源。他們認為英國的茶葉貿易陷入「最屈辱的境地」。印度人力成本極低，製茶「特別適合生性悠閒平靜的阿薩姆人」。對這批商人來說，茶葉是「強大的利益來源，對國家極度重要」。

當局設立了臨時委員會調查製茶產業，並請東印度公司提供相關情報。申請入股的企業商號超出需求量，獲得了十二萬五千英鎊的認繳資本。查爾斯·布魯斯寄給茶葉委員會的報告[1]在一八三九年六月送達農業與園藝學會，而此舉或許也替阿薩姆的開發計畫起了宣傳作用、激發出投資熱情。這篇報告中介紹了他找到的每一塊產茶區域，堅稱只要引進更多勞力就能水到渠成。它這樣寫著：「一旦有足夠的製茶工人，就可以像中國一樣在每塊地分配勞力。人力成本有機會跟中國競爭，未來更能把售價壓得比中國還低。」

布魯斯的報告涵蓋了大量實用情報，像是天氣、遮陰、濕度，以及如何用鉛條封住裝滿茶的箱子等。他描述以燒林法清出耕地，茶樹在灰燼中長得很好。他提議，既然有勞力問題，那就該把茶葉送到中國加工。「經過中國佬一年的指導，或許聰穎的英國人能發明機器翻動、篩選、清理茶葉……到時候連窮人都喝得起美味的純正綠茶……」

布魯斯也列出了成本與收益。十座茶園的年度獲益會是兩萬三千兩百六十六盧比，所以一千座茶園就是兩千三百二十六萬六千盧比。當然，這要看勞力人口有多少，但也不用擔心，「一旦得知能獲得不錯的薪水與土地、足以養家活口，失業的孟加拉人將湧入阿薩姆。」他把阿薩姆人消極的性格歸咎於他們的鴉片癮，「可怕的瘟疫令這個美麗的地方人口減少、成為野獸肆虐的土地，使得阿薩姆人從高尚的族群化身為全印度最卑劣、諂媚、狡詐、道德淪喪的民族」。

這份前景看好的報告鼓舞了投資者的信心，忽視某間股份有限公司提出的人力問題。當時總共有兩組董事會，分處倫敦與加爾各答。加爾各答這邊負責僱用監督員與其他資深人員，並招募勞工、尋找中國製茶工人、建造幾艘船隻。底下又切成三個分會，其中一個歸布魯斯管。一八四〇年春天，東印度公司有三分之二的實驗茶園轉移給阿薩姆公司管理，十年內不收租金。

無論對中國人有多鄙夷，英國人都對這事心知肚明：目前只有他們懂得製茶，得想辦法引誘他們進入阿薩姆。阿薩姆公司在新加坡、雅加達、馬來西亞尋找中國佬，第一批在一八三九年十一月從檳城抵達目的地。年輕助手將他們和之後的幾批人送進阿薩姆，而他們從一開始就惹了不少麻煩。

其中有個傢伙太難相處，在順流而上的途中就遭到解僱，遂被丟給鄰近村鎮的慈善團體。阿薩姆公司董事會如此描述當時景況：「送進阿薩姆的數百名中國人索求高額經費與薪水……隨後發現這些人品行極差。他們躁動、頑固、貪婪。」公司遭受極大損失，因此取消了他們的合約，除了資歷最深的製茶工人與脾氣溫馴的人之外全數開除；此舉似乎是要向其他工人殺雞儆猴。就算眼前的中國人再怎麼窮困無知，眾人依舊抱持著他們一定懂得種茶、製茶的幻想，還沒覺悟願意受雇的人未必懂那些知識。

倫敦董事會很快就看出，這件事已脫離原本的計畫。與現場人員溝通要花上好幾個月的時間，沒有收到預期的獲益令他們困惑不已。他們投入的大筆資金，究竟都花到哪裡去了？一八四三年，挫折又焦慮的董事會硬著頭皮面對股東，聲稱「信心絲毫不減」，轉身派出J．M．麥奇（J. M. Mackie）這位「出身與品格皆不在話下的紳士」前去調查，可惜沒太大功效。他得騎著時速三英哩的大象巡視長達一百哩的公司領土，回到加爾各答時都已病得無法提筆寫報告。

另一名調查人員從加爾各答前往阿薩姆。他是阿薩姆公司的副秘書長亨利・莫內（Henry Mornay），已經在加爾各答待了好幾年。他大力譴責現況，呼籲盡速改革。遍地雜草、沒有清空的林地、病懨懨的茶樹叢讓他震驚不已。他立刻砍了工人薪水，只要他們表現不佳就裁員。有件事他和加爾各答的董事會成員都牽涉在內，因此他沒有向上通報：茶農不分老少，忙著占據清理乾淨的土地、經營自己的茶園，用的都是阿薩姆公司的勞工、大象、船隻和時間。難怪阿薩姆公司的茶園萎靡不振。

情況持續惡化。到了一八四七年，阿薩姆公司的態度是這樣：只要有人願意接手，他們倒很樂意把這個產業拱手讓人。綿延數英哩一畝畝的地清空整平，卻大多空著沒用。這兒種下的茶樹有一半是中國種、一半是當地原生種，因為缺工而乏人照料，常常連採收都騰不出人力。一八四五年的審計報告寫道：「阿薩姆公司在英國持有以下資產，亦即英格蘭銀行的現金餘額一百英鎊。同上，威廉士銀行六百二十四點六英鎊三便士。同上，小額現金一百七十一點四英鎊兩便士。同上，印花三十五英鎊。」在有一定規模的公司裡，這些數字可說是微乎其微。

事後回顧這段慘淡時期，我們能冷靜分析究竟是哪裡出了錯。他們在野生茶樹的生長地開闢茶園，但那些區域不大、地處偏僻，難以安排工人進駐。密林裡到處都是蚊子，每個人都得了瘧疾。適合茶樹生長的條件——溫暖、潮濕、半遮陰——同樣適合蚊蟲與細菌，顯然一點都不適合歐洲人以及從乾燥區域招募來的印度人和中國人。蓋在空地上的工寮宿舍熱氣蒸騰、瀰漫臭味、積水不退，沒有污水處理設備或乾淨的水。痢疾、霍亂、傷寒、寄生蟲無人診治，方圓數英哩內找不到半個醫生。

大象也喜歡這樣的氣候。算他們走運，不然少了大象，實在是想像不到還能有多少斬獲。象群負責清出平地、運送物資和茶農。起初，幾乎只靠大象把裝茶的木箱運到河邊；一隻大象能背六箱，加入拖車後搬運量提升到五十四箱（兩名苦力只能合力搬起一箱）。小型茶園把茶葉送到集中站，交給工廠處理（所謂的「工廠」不過是幾棟小棚屋，畢竟所有程序都要手工操作）。來到最近的河邊，一箱箱茶葉裝進獨木舟，在布拉馬普特拉河換到大一點的木船上。為了增進效率，阿薩姆公司買了一艘蒸汽船，但後來證明了這是個昂貴的錯誤，因為這艘船頂不住大河難以捉摸的風浪水流。

第一批製茶助手是從印度其他據點挑來的年輕人，他們大多秉持著開路先鋒般的蠻勇、享受英雄似的地位。「他離開所有的朋友、失去一切奢華享受，呼吸著瀰漫四周的瘴氣。天然的蒸汽浴奪走他的體力，但他還是努力撐著。」威廉・哈里森・烏克斯（William Harrison Ukers）在《茶飲世紀踏查》（*All About Tea*）書中寫道。不過有失必有得。他們擁有廣大的獵場，射擊狩獵過癮極了……野鹿、野豬、各種雉雞，隨時都有鴿子與孔雀能下鍋，河裡也有滿滿的魚。只要對鳥類、蝴蝶、生命力旺盛的花朵樹木感興趣，那這裡簡直跟天堂沒有兩樣。

在這裡工作的英國小伙子薪水不高，卻能享受在家鄉極少有人能匹敵的生活：一整棟屋子、僕人，有需求時就有人把女人送到他們床上，只要拿幾塊肥皂便能打發。私人茶園讓某些人賺了不少；意外以及酒精中毒排除了擋在他們發達路上的年長經理，那些人不是提早退休就是躺進墳墓，因此職位升得很快。跟其他在染料、橡膠、咖啡、糖和鴉片等領域奮鬥的同輩一樣，茶農能帶著大量財富退休享福。

最後一名來自加爾各答的調查員柏金．楊格（Burking Young）改變了阿薩姆公司、讓茶農發財，在董事會上總算能向股東報告好消息。一八五三年，阿薩姆公司支付了第一份股利。隱憂仍舊存在：那些粗暴的野蠻人一向都是威脅，隨時都可能竄出來抓人回去當奴隸，或是攔路搶走貨物。還有一個最大的問題：製茶產業起飛、開闢出數千畝茶園後，他們需要數千雙手來採收嫩葉，但情勢在一八五〇到一八六〇年代穩定好轉。一八五〇年，阿薩姆只有五十座私人茶園；接著來到一八六一年，印度總督坎寧子爵（Lord Canning）發布了一條茶農能直接擁有茶園土地的新法規，就此掀起熱潮。

一八六六年，卡內吉家（Carnegie）的年輕兄弟艾利克與約翰（Alick & John）動身前往阿薩姆，加入這場茶熱（Tea Rush）。約翰提早一年出國，在中國待了一年，覺得上海無法滿足他的胃口。一八六六年二月七日，他在前往印度的船上寫信給父母：「有個從印度來的小伙子給了個奇怪的預言，說我未來註定要落腳在五十英哩外的土地上，只能乘坐大象抵達。真有前途。」[2]

一週後，他向雙親告知自己在阿薩姆的住處：馬森葛（Mazengah），格拉格哈特

（Golaghat）。他暫住在加爾各答的威爾森飯店，等兄弟艾利克從家鄉來此會合。約翰本已找到工作，但對此不太熱衷。他在十七日寫給母親的信上如此寫道：「我不認為這個艙位**舒服**到值得我花兩個月的薪水。我們要到庫魯穆（Koolook Mook）換騎大象。」布拉馬普特拉河的景觀沉悶：「現在來到布拉馬普特拉河，河流兩岸只看得到滿地泥濘和叢林，沒什麼好說的。我們看到好幾群鵜鶘跟一堆鱷魚。今天早上兩名苦力死於霍亂，就這樣。」蒸汽船拖著載了茶園勞工的平底船，在逆流而上的途中就折損了不少人力。

就連約翰自己也搭得不太舒服。艙房裡只有一張行軍床且沒附被單和枕頭，蚊子滿天飛，所以他只好穿著衣服睡在甲板上。船長的故事並沒讓他振奮多少：上一趟跑船時有幾個小伙子被丟在無人接應的河岸上；他們在那裡坐了三天，沒有食物，全都得了熱病[3]，最後死了兩個。然而「更糟的是現在我們船上還有五百個苦力，這些渾身是跳蚤的髒鬼，昨晚有一個得了**霍亂**。苦力、蚊子、跳蚤，都是死不足惜的東西。」最後一根稻草來了：「船上沒有黑人，我們沒東西擦靴子。」他原本僱用的年長僕人拋下自己的家人。「竟然有人能在半小時內安排好一家人兩、三年內該做的事。」從之後的信中可以看出，這名老人很快就回家去了。

約翰上船那天，艾利克開車在加爾各答繞了幾間代辦所，也找到了工作。他聽聞了讓人喪氣的消息：「太多年輕人投入茶園，每塊地都被人占去了……這份工作我做了兩天就厭煩不已，最後貝格登路普公司（Begg Dunlop）的鄧肯・麥克尼爾（Duncan Macneil）說，雖然沒有空位，但還是送我到察查（Cachar）碰碰運氣，看有沒有人生病或是快死了，畢竟熱病疫情嚴重。我得在一個禮拜內動身。他開一百一十六英鎊的年薪給我。」

感覺這個機會不太吸引人，他考慮在某艘英國蒸氣船上當個書記，隨船到中國再回來，期盼在這個空檔內會出現機會。就在這時，「麥克尼爾想起，他聽說梅爾公司（Mair and Company）的道格拉斯說他需要茶園助手，所以他打電話給對方、向他提起我。」

艾利克匆忙趕往梅爾公司的辦公室，對方告訴他：「不用把這個（年薪一百五十英鎊）當成固定薪資，我們只需要人才。」三年後他就能從茶園的收益抽成。他駐紮的茶園，走水路只要一天就能抵達約翰的茶園，離加爾各答有兩個禮拜的船程。陪他們逆流而上的苦力有三百人；由於霍亂和天花肆虐，抵達目的地時死了五十九人。「苦力在這裡死得很快。」艾利克在旅程結束時寫道：「我才來四天就死了三個人。」

下船後，梅爾公司的經理，二十五歲的馬丁先生帶著大象前來接應艾利克。船上的三名歐洲人首度在阿薩姆的土地上過了夜，得派人看守河岸上的苦力，生怕他們會逃跑。隔天，他照著指示打包三天的換洗衣物跟鋪蓋交給大象背上的象伕，並分配到一匹馬，幫忙把苦力驅趕到各個茶園。

「驅趕苦力實在不是好事。我們騎馬前後奔波，把他們推來推去，活像是美國的黑奴主人。」這幅景象真的不好看。男男女女經歷可怕的旅程後來到陌生國度、擠在沒有衛生設備的船上，平均每個禮拜要把二十具屍體丟進河裡，現在又像牲口一般被人趕向悲慘旅途的終點。

艾利克的處境還算過得去。

我跟這座茶園的經理，名叫伯特的小伙子同住（這一區有十座茶園）。他會陪著我直到我稍微懂得這裡的語言（懂一點就夠了），再去學簡單的種植技術，到時候我將以經理的身分被派去某一座茶園。他們急著找人，因為其中一名助手在兩個月前死於熱病。伯特人很和善，他從倫敦來，今年才十九歲，身高六呎三吋。

他如此寫道：「（我們兩個）處得很好，我很開心，很喜歡這裡的生活。」即使他在船上已經染過熱病，現在還是要去接管某個死於此疾病之人的地盤。「在船上的頭兩天，我被蚊子叮得好慘。」他並不知道蚊子跟熱病之間的關聯。「簾子沒有拉好，我的臉、雙手、腳掌腫了好一陣子，要是抓破皮就會化膿生瘡。這裡有個年輕的公務員，他被蚊子弄到要切掉一整條潰爛壞死的手臂……我恢復得很好，只是手上被那些混帳咬過的地方留了好幾個大疤。」

至於實務層面，他是這樣記錄的：「在這裡不穿靴子不行，我們穿白色長褲跟襯衫配無領外套，還有綁腿跟靴子；雨天時得穿長統靴，不然水蛭會鑽進靴子裡。」雨確實下得不少。「過了一個月開始下雨，整整下了五個月都沒停過，整片土地大概淹了一英呎深。這裡到處都是泥巴，同時還有可怕的高溫。」

往好處想，雖然他在加爾各答請的僕人一直沒有露面，但「找了個伶俐的小伙子，他什麼活都幹——侍奉我吃飯，幫我打理衣物……修剪菸草，如果我願意的話還會幫我穿上全身的衣服，所有的黑人僕人都會做這些事」。還有一些小意外。「某天的遭遇讓我大吃一驚。我看到兩個苦力拖著一個苦力屍體的雙腳，於是問伯特他們要幹麼，他說他們要把屍體拖到四分之一英哩外的叢林裡、丟在那邊，天亮前胡狼就會吃得一乾二淨。」

艾利克四月四日寫給妹妹的信裡，也有一些跟苦力有關的紀錄：

現在我獨自在叢林裡，算是統治這些黑人的小國王。把女人跟小孩算進去的話，我手下有四百五十人；他們大多不是什麼好東西，而且老是生病。我就是醫生，得想辦法治療下痢跟脾臟疾病，他們多少有脾臟肥大的問題。我手邊有一大堆藥物跟一些藥單，每天早上要先幫好幾個人塗蓖麻油。這裡有個超棒的脾臟病藥方，治好了不少人，下痢也是。死了兩個人，不過在這裡他們隨隨便便就會死掉，所以他們也沒多想。

他們不但隨隨便便死掉，逃跑時更讓人疲於奔命……

三天前，我在凌晨一點被七個苦力逃跑的消息吵醒，經理派他的僕人騎馬來駐點找我，要跟我借槍（老虎、熊、豹半夜會從叢林裡跑出來，然後隨地亂躺；附近沒別條路，牠們都往這裡跑，我帶槍是為了嚇退牠們）。四個苦力被抓回來。今早工頭瘋狂抱怨有關下個月工作量加倍的事（至少我是這麼要求），不過接下來的一週我還是會讓他們做一樣的活。苦力逃跑真的煩死人。

艾利克顯然不是苛刻的主人，把他的苦力視為調皮的孩子看待，而非罪犯。「這裡沒有教堂。」他在信裡對妹妹說：「除了駐點裡那個日耳曼牧師，他只會惹麻煩，在居民之間散播奇怪的言論。」至於艾利克本人，他也不太成功：

我的行醫過程運氣不太好。今早他們扛了一個老人跟一個女孩上門，兩人都病得很重。我給他們服用我認為有效的藥，但他們還是在一個小時前死去。我眼睜睜地看著屍體運進叢林，心想今晚胡狼有大餐可以吃了。老人沒太大價值，可是女孩採茶技術很好；她的父母在搭船來此的途中死去，於是她被從國外送來當苦力。

有時也有比較愉快的話題：

此地美不勝收，舉目所見總是一片翠綠。這裡的樹不會禿頭，遠處還有許多高山，同樣被樹木蓋滿。如果天氣夠好，可以看見被白雪覆蓋的喜馬拉雅山，那是世界第一的高峰。別人指給我看的時候我還以為是天上的雲，完全想像不到有如此龐大的山脈。

……隨時都能看到美麗的鳥兒四處飛舞，有鮮艷藍翅膀的冠藍鴉在太陽下格外醒目。一大群鮮綠色鸚鵡拖著長長的尾巴、頂著紅色鳥喙；我曾開槍射下兩三隻，因為牠們的尾羽很適合拿來清理菸斗。

他的兄弟約翰也同樣快活樂觀。他跟一位史都伯先生共住一間平屋，監督一座小「工廠」揀選與包裝茶葉的程序。他認為自己適應得不錯。「我的槍可是立了大功，我們就靠它過活啦。二十三隻鴿子，還有一大堆其他鳥類。」獵場管理人帶來雉雞跟鹿。平屋裡滿是皮毛跟鹿角，被他們拿來掛衣帽。

他沒錢、沒傢俱，也沒有桌布、床單、毯子，還得向史都伯借用鍋盤，但他想出一個伎倆。「有兩三名茶農手頭緊，肯定很樂意把茶葉賣給我變現。」如此一來，他就有一千英鎊可以動用了。但在這之後，他再也沒有提起這個計畫。

約翰跟艾利克的好日子很快就到了盡頭，兩人都得了熱病。到了五月中，艾利克病到得移至較不偏遠的茶園。「要是我倒下了，那裡的路太窄，他們沒辦法把我扛出去。」因此，一名已適應當地環境的茶農換到他的茶園，而他的新茶園離駐點只有九英哩路程。梅爾公司在加爾各答的董事長前來視察，令他振奮不少。董事長「看到一切運作順利，相當滿意」。若是就此一帆風順，他每個月可以多領一百盧比，大約等同於十二英鎊。「我進了不得了的公司。」他如此安撫父母。

如果這封信讓他雙親安心，約翰接著在五月二十六日寄出的信肯定令他們心急如焚。他遲了一陣子才寄信是因為「這個禮拜我的病嚴重復發，到今天才有辦法起身兩個小時。昨天我很不舒服，半夜喝了二十滴鴉片酊。我的同事史都伯，也因為惡寒跟高燒跟胃絞痛臥床不起。」

更糟的是，他還欠公司一千四百七十二盧比。「我煩惱得要命，不知道什麼時候才能逃離他們的**魔掌**；他們說他們要的不是錢，只是為了把我們綁死。恐怕這是全阿薩姆**最吝嗇**的公司了。離開此地要一千盧比……這根本是搶劫，連月薪兩百五十盧比的醫生**都付不起**，在這裡生活費也要詐騙般的兩百盧比。」他的悲慘經驗沒完沒了，還要付清加爾各答的飯店房錢。「為了健康著想，還要花錢養馬當作就醫的代步工具，否則遠在九哩半外的醫生也沒有馬。現在下著大雨，捷徑一片泥濘，有馬也能稍微跑遠一點……艾利克說他沒欠錢，算他走運。」

他打算去拜訪艾利克但，「可憐的史都伯現在病得厲害，要是他明天還沒好轉，我就沒辦法出門。當你病重的時候**獨自一個人**，要走九哩路才找得到人幫忙；醫生一個禮拜只來看診一次，你又沒有力氣寫信，他可是要收到信才會來。史都伯已經獨自在這裡待了一年，算是習慣了。他懂得好幾種方言，能跟這裡的人聊天打發時間，可我天生就愛熱鬧（醫生說這方面的欲望是我的心病），要是只剩我一個人我馬上就會死掉；不只是病死，還會無聊死。……今天上午我的腦袋迷迷糊糊，一會兒說阿薩姆語、一會兒說孟加拉話，幾乎不知道自己在說什麼。在這裡待了兩個半月就躺了五個禮拜，我只能勉強讓人聽懂我的意思。我從四月十四號發病，現在已經五月二十六號了，不過起初我沒有多想。我的小花豹（管牠是什麼）還活蹦亂跳，在平屋裡跟著我到處走。一開始牠又咬又抓，凶狠得要命；後來我剪短牠的爪子，只要咬人就把牠踹昏。野獸就是要這樣對付。我猜牠不到一個月大，還沒辦法吃肉（當然，我是拿煮熟的雞肉餵牠），只能舔奶喝……要是讓艾緹看到我的老虎奶瓶一定會笑出來……我讓牠躺平，裝了一瓶牛奶，拿羽毛桿穿透瓶塞。牠舔得很快，被養得肥肥壯壯的，每次都要舔到瓶底朝天。聰明的小動物……虎皮處理好了，硬得像鐵片。」

看來這隻幼崽的母親遭到獵殺，而當時的人也常會搞混虎跟豹。這類猛獸很常見，但食蟻獸就是稀客了。「這種動物非常稀有……類似犰狳……史都伯開槍打死牠，感覺是很理想的腳凳。」

儘管約翰身染重病、對待遇深感不滿，他還是有辦法從他養的小動物身上獲得樂趣。可他的雙親再怎麼擔心，也絕對比不上下一封艾利克在六月十二日寄來的信：

親愛的母親，不好意思我這麼久沒寫信。我又因為斷斷續續的高燒病倒了。我想我現在還可以。原本每隔一天會燒一天，但今天卻沒有發燒。讓我恢復過來的，是期待已久的蒸汽船在今天早上把約翰帶到我身邊——他簡直變了個人！過去六個禮拜他叢林熱[4]纏身，現在還得臥床休養、蓋著毯子；高燒和惡寒交錯，每天下午四點會發作。他被人扛上蒸汽船，在船上待了九天。在這裡，我們盡量讓他舒服一點，但明顯看得出來他病得最重。醫生才剛離開，說他得趕去加爾各答搭上前往某個海港的船。他自己的醫生說他不能**住在這裡**，除非退燒。沒有別的方法可以治療。狀況還好，可是他沒錢，我身上的錢只夠送他去加爾各答，還沒加上吃飯錢什麼的。我大概還能給他十英鎊，不過我會想辦法幫他籌到錢。馬丁在這裡看過很多人死於熱病，他說約翰的體力幾乎耗盡了，很可能在某天晚上就斷氣，也坦白說他活不到雨季結束。

艾利克繼續寫道：「我真的很遺憾。他進了最可惡、最下流的公司。就算留下來是**死路一條**，他們還是不太可能放他走。很抱歉我傳達了這個壞消息，但我真的無能為力。我已經好了，很快就要回叢林裡面。我的手還不太穩，請原諒我的字不太好看。」

收到這樣一封信，得知約翰在音訊全無的幾個月內出了什麼事，他的雙親想必心痛萬分。艾利克的最後一封信上標記十月十七日，他父親在八月寄出的信才剛送到他手中。他心目中的優良公司梅爾似乎也有些經營不善，但他聽說這些人還會繼續努力幾個月。他沒有多提這個讓人心情沉重的隱憂，轉為描述年度的盛大慶典杜爾加女神節（Durga Poojah）。「苦力不用工作，但也不准離開工廠，不然他們很可能會逃跑。我現在沒有多餘的人手，只能禁止他們離開。幾天前我送了一箱蘭姆酒過去給他們喝。」

接著是一場酒後鬥毆：

他們打算痛毆我的廚師。他完全沒喝，卻跟二三十個腦袋不太清楚的苦力吵了起來。我馬上制止他們，卻難以抽身。他們對我敬禮、大聲嚷嚷，說他們會乖乖聽我的、我是很好的主人……他們喝得越醉，鞠躬敬禮時腰就彎得越低、誇我誇得越厲害。我討厭節慶，每次都會吵成一團。

他也討厭花錢在慶祝這些節日上頭，四月已經付錢請舞者跟鼓手來派對上助興了。

我現在每天還是時冷時熱，不過比較緩和了。希望能早點康復，不然每天下午都要發作三個小時，之後還食慾全失，真的太折騰了。我猜惡寒是因為雨季時常常睡在潮濕的床上。外頭一下起雨，平屋裡每一樣東西都會滴水，像是以前在家鄉沾上晨露一般。我躺的床墊不只濕氣重，幾乎都可以擰出水了，平屋裡還沒有火爐……惡寒發作的跡象來了，我不能繼續寫下去。

這批書信就停在這段懷抱希望的消極想法上。最後一封信附上紙條，上頭寫著艾利克很期待一個「盒子」，只要「在這裡打開就會讓人驚豔不已」。他又說「請問問約翰有沒有多餘的菩提樹苗，我這邊快沒了」，這代表約翰還活著，而且可能移動到印度的其他地區去。這兩名年輕人在六個月間寫下的十四封信，雖然描繪著悶熱又百病叢生的孤立世界，但也能看到他們找到不少樂趣，像是獵殺野獸、美妙的景緻和寬廣的居住空間和僕人。

同時，我們也能從信中一窺茶園經營體系的構造；金字塔底部是成千上萬的「黑人」，整個機制的運作都得仰賴他們。取代阿薩姆公司的英國政府位於金字塔頂端；作為阿薩姆的「所有者」，政府將土地發給任何有意經營的人士（當時幾乎都是歐洲人）。

政府之下就是製茶公司，在倫敦和加爾各答都有據點，並將年輕人派去茶園補空缺。他們安排（但沒有付錢）前往印度與中國的航班，受雇於名聲不太好的小型製茶公司。年輕人在加爾各答找工作，他們會先與某些公司簽約。那些公司開的條件不算慷慨，但會暗示有「福利」且升遷迅速（上級不是死了就是提早退休）；他們對健康風險直言不諱，表達出他們毫不在意員工薪水極低，還得面臨早死的命運。

歐洲人之下是少數的本地醫師、文書職員、店主（同時也是放債人），用來填補經理與工人之間的空隙。這裡的工人都是瘋狂的投機分子從國外運來的苦力，光是卡內吉兄弟寫信的那年，就有四萬人被送進茶園並遭到層層剝削。許多茶園迅速倒閉，而工人會被轉移到營運比較穩定的地方。他們總是被當成牲口看待，不被認為有選擇權或個人需求，甚至沒有一般人類對舒適居處的欲求，也不需要受到關懷或與身旁人事物產生連結。

約翰跟艾利克對他們的工人既不喜歡也不討厭。關於工人從哪裡送來、搭船逆流而上的旅途環境、他們居住的破爛工寮、如何從髒兮兮的小溪或池塘取水，還有最後成為胡狼食物的那些故事，他們從未有過質疑。「那些人動不動就死了。」約翰寫得彷彿這是某種基因缺陷，是身為黑人的宿命。如果他們逃跑，可以追回來拿鞭子教訓。對待工人的態度逐年轉變，但即使到了不該使用「苦力」這個詞的時代，茶農依舊認定他們的工人是次等人類。

帝國就是一個摸彩箱：眾人一頭栽進去，確信自己能幸運撿到大獎、成為大富翁。然而，現實總是無比殘酷。這兩名年輕茶農是否能活下去享受美好未來？這可不好說。

即便在卡內吉兄弟抵達印度前，英國政府便已對阿薩姆的前景感到極度不安，成立「探詢運至阿薩姆和察查的苦力」的委員會，也盤問了公司、人力仲介、蒸汽船上的乘客和阿薩姆部隊的軍官。

他們問起薪資。大部分的公司都沒有特別簽合約，只有察查平等公司（Cachar and Equitable）曾要苦力按指印，合約上寫著：「我瞭解我的薪資是一個月四盧比，我同意這份工作契約。我瞭解在工作契約之下，努力工作有機會獲得額外獎金。」來自喬塔納普高原或比哈爾之類的地方，那兒的貧農根本無法「瞭解」或是「同意」任何文字（況且還是英文），更無法理解經理設下的工作目標是什麼。

招募勞動力的系統是這樣運作的：茶農向仲介提出人力需求，承包商待找到足夠的勞工後再通知茶農。他在加爾各答的代理人會去苦力集合的站點，跟仲介說定將這些人送到上游。進入產茶區的每一個人頭都要算錢，死在半途中的也要，不過脫逃者不算（仲介會自動把他們註銷）。

委員會視察了加爾各答的某個站點。「我們被帶到一個廣場……有一棟長寬只有幾英呎、尚未完工的小屋，據說是唯一的住宿處。這個廣場看起來更像是半乾涸的儲水槽底部，被擠在此處的人渾身髒污。景象和氣味令人作嘔的程度超乎想像……報告中這名仲介的年度死亡人數會那麼高，我們一點都不意外。」這個惡名昭彰的仲介，在他們抵達前就溜了。

有個班納茲先生，他是歐洲人，提供的環境可說是天壤之別。那兒「有良好且足夠的遮蔭處」、飲水和洗澡水各自獨立且有「妥當的膳食與衣著」，還有一名本地醫師駐點。不過這似乎是特例。四處抓苦力的仲介看起來活像是邪惡的綁架犯，成為本地教訓小孩的童謠角色：「不乖的話，就會被抓去阿薩姆當苦力。」

仲介除了替苦力準備在船上的衣物和糧食，也派監督員負責照顧他們；然而監督員混水摸魚，把苦力的米糧賣給蒸汽船船員。那些衣服都是保暖的衣物（或許是賣不掉的庫存品），熱到讓人穿不住。委員會批評苦力在阿薩姆工作的同鄉欺騙每一個人。聽說有些苦力只能吃生米，因為沒有人能煮。不僅如此，那裡還沒有合格的醫師，住宿環境也很不衛生；以阿薩姆公司旗下的某座茶園來說──「環境相當不健康，低矮潮濕、瘴氣瀰漫，又沒有遮蔽」。

還有一長串的缺失：沒有勘查船隻狀況、人死越多越好（這樣仲介可以收錢，又不必餵飽那麼多人）、設置讓苦力上岸吃飯的店家（可是船一開走就把人全都賣掉）、苦力乘坐的平底船在夜裡被蒸汽船擠開且空氣完全不流通。

委員會訪問了一名醫師，發現他毫無醫藥知識。這人認為霍亂的檢疫隔離措施「沒有科學證據，只是一種假說」，致病原因是「空氣裡的有害分子」。總之他認定苦力會四處逃竄、躲避檢疫限制。

接受委員提問的茶農敢於對政府頒布的新法規「冒險提出異議」。他承認看過虛弱染病的苦力被拉上船，並在船上被實行「載著滿船垂死之人前行的人道措施」。委員會建議該徹底改善，但沒人付諸行動。

委員會沒有放棄調查，反倒緊咬不放，六年後的另一份報告內容同樣令人髮指。勞工「在國內四處轉送，就看誰出的錢多」，如同豬隻或羊群。一名澳洲醫師形容那些駐點是「疾病的溫床」，那些苦力離開時都要接受消毒。過去他們還讓苦力搭七十個小時的火車，途中只休息幾分鐘。

船上的廁所只是「兩個左右的箱子，固定在接近船尾的兩側；每個箱子設有兩個座位，前方各掛一塊簾子」。近一千名苦力在三週船程期間的隱私，遠不比船上廚房跟牲口欄舍。政府命令仲介必須在船上準備飲用水，但都「系統性地遭到忽視」，苦力只能喝河水。

委員會找來幾名目擊證人。其中一人來自貝格登路普公司，說他們一年派三艘蒸汽船送一萬三千八百九十五名苦力到上游，其中死了五百八十六人。有個威廉先生承認，過去四年來死亡人數節節攀升，應該要在仲介「將苦力轉送到別處賣錢」的轉運站進行強制醫療檢查。另一名證人提到仲介「帶著苦力四處遊走，在出最多錢的茶園卸貨」，而他本人也是仲介，證實人力需求始終無法滿足：「現在茶園跟我叫了一千個人。」他對環境相當講究——在運送過程中，苦力應當每晚有機會上岸「活動筋骨、做些別的事」，然後每兩個禮拜發給他們一盎司的蘭姆酒。

三名醫師證實了船上有多麼骯髒。此外，苦力晚間在甲板上「解放一番」，但廁所自然沒有欄杆，很多人在黑暗中翻下船。抵達目的地的苦力「衣衫襤褸、沒有毯子，看起來可憐兮兮」。一位姓佛比斯的茶農承認，他最近引進的一百名苦力幾乎在船上或抵達時死光：「內陸的苦力在船上還好端端的，一進茶園就生病；部落的苦力在路上會生病，但到茶園裡就過得很好。」他向委員會描述的口吻，活像在介紹不同種類的茶樹。

另一位艾紐特醫師同意在叢林裡住慣的原住民體質不佳，對於女人和小孩「衛生習慣極差，小孩不斷在甲板上排泄」感到作嘔。要是放他們上岸，他們肯定會逃跑，所以仲介只能別無選擇地把他們留在船上，無論環境有多髒。船長人比較好，他認為上岸休息處應該要有遮風避雨的棚子，也該給撐到最後的苦力一杯蘭姆酒作為獎賞。

列出一長串失職、貪污腐敗與暴行之後，委員會一如往常地給了一些建議——苦力應該搭乘特殊的運輸火車，且車程不超過四小時；仲介應該要領有執照，由苦力原生地的區域法官對合約進行副署；該區的體檢外科醫師應該要仔細檢查工人，確認他們的狀況是否適合工作和遠行。當然，人被逼到絕境才會願意離鄉背井，而造成這個絕境的往往是歉收或霍亂肆虐，因此無法對他們的健康狀況抱太大希望。

每一批苦力都得由茶農派遣的可靠人士照顧，不能放任仲介的監督員恣意妄為。該支付蒸汽船的船長人頭費，就像非洲模里西斯（Mauritius）的作法，鼓勵他們維持乘客的生存率。食物須由蒸汽船的船主提供，而非仲介。霍亂病人蓋過的毯子應該焚毀。

報告結尾是針對茶農的尖銳評論：「許多人沒有顧及苦力的住處與其他衛生條件」，他們對卡內吉兄弟那類管理者的作為很不滿意。從加爾各答醫學院找來合格的醫師助理明明很容易，「只要付給他們歐洲人薪水的一半就夠了」。

這些建議都需要花錢，茶農又老是抱怨輸入勞力對這個產業造成多大的「負擔」，而仲介系統直到一九一五年才得以廢除。

09 茶葉帝國

英國人有條一直沒剪斷的臍帶，茶水由此流入他們的身體。他們面臨突如其來的恐懼、噩耗、災難時的反應相當有趣。他們會心跳驟停，什麼都做不了，拿不定主意，直到有人連忙泡了杯「好茶」。毋庸置疑，熱茶能提供慰藉、穩定思緒。可惜並非所有國家都如此瞭解茶。若是「一杯好茶」或一大壺茶能在恰當的時刻上桌，想必世界和平會議能運作得更加順利。

——瑪琳娜・迪特利希（Marlene Dietrich）
《瑪琳娜・迪特利希的ＡＢＣ》（*Marlene Dietrich's ABC*）

要瞭解阿薩姆茶葉產業的高速發展與印度勞工背負的產量壓力，就不能不回頭看看茶在文明社會發展中扮演的角色。茶在中國、日本和阿薩姆不只是奢侈品，更成為偉大帝國發展的主要動力（要是沒有茶，這些人就無法維持健康與精力），於是他們對製造茶葉的一方施加龐大壓力。而後，茶葉帶來的龐大財富讓人們願意投資茶葉產業，在英國更是起了戲劇化的發展。可以說，如果沒有茶，過去一千兩百年間世界史上的四個重大進展就不會發生，而那些進展也促進了茶的種植與加工。

大約從西元七百年起，中國的人口、經濟、文化突飛猛進，並在宋朝達到巔峰，只是一直找不出其背後原因的全面解釋。政治統一、科技通訊技術的發達確實都很重要，但無論經濟和政治效能進步到什麼程度，假如中國也陷入死亡率上升的窘境，那也全是枉然。不管是在發展中的城市、村鎮，還是人口繁多的鄉間，人們住得很近、種植稻米、喝沒煮過的水，就可能漸漸染上痢疾和其他水媒傳染病，進而造成人力與數量消減、嬰孩大量死於消化道疾病等問題。在唐朝流傳各地的喝茶習慣「或許帶來了……深遠的影響：煮水泡茶改善了衛生狀況，據信這是延長平均壽命的重要因素，導致中國人口在八世紀前半急速上升——從四千一百萬成長到五千三百萬人。」[1]

喝茶或許是史上頭一個能維持大批人口相對良好的健康狀況的習慣，也降低了水污染的危險。此外，這個便宜的提神飲料能幫助大量農民。當時的農耕技術高度依賴人力，器械和非人類能源的使用相對較少；一年兩穫的稻米僅可滿足最低限度的糧食需求，影響了勞作的體力，而茶或許起了一點提振精力的效用。我們知道，喝茶的習慣在中國大幅躍進的同時便被廣為流傳，若說「茶的強化作用」與「降低水媒傳染病危險」的進步息息相關，也不為過吧。

在日本，喝茶習慣的發展碰巧與十四到十七世紀的政治經濟擴張期重疊。這段期間，日本首度嘗試在亞洲大陸（朝鮮）殖民，期間人口高速成長外，農耕技術也經歷了龐大的變革。新品種的早熟稻米、開闢新土地、運用更好的器材大幅提升產量……開發並維持密集農業所需的勞動人口相當可觀。

種茶對於人們的耕種模式有顯著影響。密集的水稻耕種相當辛苦，特別是在土地相對貧瘠狹窄的地區，日本就是其中之一。沒有太多空間讓牲口協助、只能依靠人力，風力和水力也派不上太大用處。過去，種水稻的每一個步驟（整地、插秧、除草、收割和去穀）幾乎都需要人，而加工完的白米也得耗費力氣運送（無論是走陸路還是水路）。此時農民只有接近素食的少許糧食，而大量勞作的精力來源就是茶。

東方文化學者威廉・伊里亞特・葛里菲斯（William Elliot Griffis）[2] 描述道：

在寒冷的濃霧中撐船勞動一整晚，我很想見識他們靠什麼樣的早餐來維持一整天的體力。船尾的小火爐上放著隨處可見的飯鍋，旁邊是裝滿白飯的小木桶。另一個盤子上放了少許醃菜或煮熟的白蘿蔔（他們口中的「大根」）。飲料是最便宜的茶……第一道菜是一大碗飯跟一雙筷子，第二道菜沒有兩樣。第三道是一大瓢茶……第四道是一碗飯跟兩片蘿蔔，第五道同上。最後以熱茶結束這飯，船夫繼續撐船。[3]

另外一名美國旅遊作家伊莉莎・希德莫（Eliza Scidmore）[4] 同樣意識到茶水的用途與莫大能量。「這些苦力的飲食看似完全無法支撐一整天的重度勞動——白米鹹魚、醃蘿蔔、綠茶是工作日的微薄補給。然而，他們卻擁有最良好的健康，並保持在頂尖的狀態下。這換成是外國人，不出一個禮拜就會病痛纏身。」[5]

如果少了茶，這一整套體系可能就難以運作，支撐中國與日本的廣大勞工無法妥善維持身心健康。若是沒有這個提神醒腦的飲料，中國與日本奠基在二穫至三穫的早熟稻米上的農業革命可能無法誕生。

伴隨著茶的引進與推廣，日本成為全世界都市化程度最高、人口最密集的國家。到了一七二〇年，日本擁有地球上最大的都市聚落，東京、京都、大阪這些小區域加上許多更小的城鎮，足足擠了兩百萬人。舊稱江戶的東京是當時世界上最大的城市，人口數在十八世紀中期居冠。

日本地勢多山且難以居住，而當時尚未殖墾北海道、本州能利用的土地又極小（面積大概只堪比英國一個小郡），餘下土地得承載十八世紀中全國上下的兩千萬人民。人們擠在比較平坦肥沃的谷地、村莊，以及大大小小的市鎮。

在這樣的情況下，可以想像腸胃疾病將席捲各地，病菌在越來越密集的城鎮鄉村肆虐。然而許多證據指出，嬰孩死於水媒傳染病（特別是痢疾）的人數極少。痢疾鮮少發生的原因包括重視衛生、人類糞便謹慎地收集並挑去當肥料，以及異常漫長的哺乳期為孩子帶來的一定程度保護。[6]

還可以再添上一個要素：無孔不入的喝茶習慣。在至少五十萬人口的城市裡，人們靠著井水和排水溝維生，就算再怎麼小心，水源總會遭受污染。但在日本，大人、小孩都不喝生水，嬰兒喝的母乳中想必也因為母親慣於喝茶而含有不少能殺菌的酚類。人們斷奶後，就只喝用滾水泡的茶。

因此在日本，阿米巴痢疾、桿菌性痢疾，以及諸如傷寒和副傷寒等傳染病，都相對少見。再說說霍亂。全球第一次霍亂大流行於一八一七年從印度爆發，僅有西日本受到影響；一八三一年的第二波流行完全與日本無緣；第三波從一八五〇年開始蔓延，只在流行的最後一年一八五八年波及日本。十九世紀末，霍亂再次盛行，愛德華．摩斯描述當地人是如何「一口生水都不喝。茶、茶、茶，早上喝茶、中午喝茶、晚上喝茶，不管什麼場合都喝茶。」[7] 身兼作家、記者和學者的愛德溫．阿諾爵士（Sir Edwin Arnold）曾在一八五〇年代末見識到印度霍亂疫情有多嚴重，他評論道：「我得說，持續不斷的喝茶習慣，幫助日本人度過了這樣的時疫。他們口渴就找茶壺，煮過的水不受鄰近井水危害。」[8]

英國十八與十九世紀的工業革命讓世界進入新紀元，且有更多證據指出喝茶與政經力量之間的關聯。

只要能成功製造資源（特別是糧食），幾乎就能確定人口會增加，促進勞動成效。更多的人能創造對商品與服務的需求；城市裡人口越稠密，運輸往來的成本就越低。再來，專門性能讓各種製造程序更有效率。財富持續累積，人口就也不斷成長著。

然而，與動植物共生的細菌、阿米巴原蟲、病毒等，也隨著人口增加而蓬勃發展。其中，有些對人類有益、有些帶來疾病和死亡，而無數病原體也從原先的動物宿主轉為侵略人類。因此，當人口達到某個門檻，相對應的疾病便會萌生，進而提高死亡率、抑制人口成長。尤其在擁擠的城市裡，疾病不但阻止內部人口過剩，更摧毀準備遷入城市的鄉間人口。從十八世紀末期人口學家湯瑪士．馬爾薩斯（Thomas Malthus）的知名描述中可以瞭解，人類文明的規模走進了死胡同。死亡率提高到某個程度，經濟成長就此頓挫。

近年記錄詳盡的案例，發生在十四世紀的歐洲。在黑死病肆虐後，大部分的國家人口在十五世紀後期開始復甦；城市再次擴張，文藝復興時期與早期的科學革命帶來許多偉大的創作和進步。然而到了十七世紀，許多國家遭遇了「危機」，致使死亡率上升、經濟停擺；疾病勢如破竹，壓抑了人口與經濟的進展。同樣地，在伊斯蘭國家裡，成長中的城市與人口更稠密的鄉村也吹起傳染病疫情，特別是鼠疫。

一六五〇年的人或許會覺得根本無法逃出這個死亡迴圈。然而，我們知道這個機制必定會產生前所未有的改變，以及這個改變將在何時何地出現——十八世紀中期的英國。我們甚至知道這個改變就是水媒傳染病的死亡率。

十八世紀中，一位頂尖人口統計學者威廉．布雷克（Willian Black），注意到倫敦的「痢疾與出血性腹瀉」出現下降趨勢。[9]另一位人口統計學者威廉．海博登（William Heberden）則提供了詳盡分析，從死亡紀錄看出痢疾的消退，特別是在一八三〇至一八四〇年間。[10]一七九六年，他提到有幾種疾病，包括「痢疾……罹患人數驟降，倫敦人幾乎沒聽過它們的名字……」政治改革家法蘭西斯．普萊斯（Francis Place）在十九世紀初這樣評論：

「十七世紀後半，痢疾在都市裡每年奪走兩千條人命。盛行率在上一個世紀逐漸下降，現在它幾乎不是致命疾病，一八二〇年只記錄了十五人因此過世。」[11]

如此不可思議的空前改變，究竟從何而來？其中一個可能性是「建立起對病原體的集體免疫」，但不太可能在這麼短的時間內出現如此顯著的成效，所以這不是主因。另一個解釋，就是飲用習慣的改變。

有些當代學者猜測，喝茶可能與死亡率下降有關。十八世紀中，蘇格蘭哲學家凱姆斯勛爵納悶著：為何各種死因的人數都逐漸減少？他注意到「以往歐洲的瘟疫、黑死病、其他疾病都比現在猖狂。特別是大城市，許多人擠在小房子裡，街道又很狹窄。」他認為轉變的主因是衛生習慣變好、能獲得更多新鮮肉品，以及「大量消耗茶與糖，醫師告訴我裡頭含有豐富的殺菌物質。」[12]

十九世紀的頭十年，人民健康的改善更加顯著，某些人士認為原因或許就是喝茶的習慣。蘇格蘭醫師吉伯特・布蘭爵士（Sir Gilbert Blane）寫道：「茶這個東西深受英國人民喜愛，在某些程度上取代了具有毒性的酒精飲料，對社會極有益處……我國國民或許能藉由喝茶延長壽命。」更有趣的是，創立現代人口普查的統計學家約翰．里克曼（John Rickman）在一八二七年寫道：「我無法斷定死亡率下降的原因；若是根據一八一一與一八二一年的人口普查大膽猜測……我會將此現象歸因於廣泛使用茶和糖……」[13] 除了眾所皆知的殺菌效用，這兩人都無從證明茶如何對人們造成影響。現在，我們越來越瞭解茶的抗菌成分，可以為他們的見解提供佐證。

喝茶的習慣可以解釋這個矛盾狀況：十八世紀的窮苦人家飲食水準下降，卻變得更加健康。或許茶的營養成分不如啤酒，但它令某些疾病的罹患人數下降不少。它取代了比較不健康的飲料，像是粗劣又便宜的琴酒（這是倫敦一七二〇到一七五〇年間的熱門飲料）。即便倫敦人口爆增，年度琴酒消耗量還是從一七五一年前的六至七百萬加侖，下降到一七六〇至一七九〇年間的一至三百萬加侖。[14] 若不是同樣便宜又具刺激性的替代品登場，減少人們喝下髒水的機會，琴酒的熱潮不可能退得這麼快。

此外，受影響的不只是喝茶的人，還有他們的同居者。正如中國和日本，英國也有親餵母乳的傳統，通常會持續到孩子滿周歲。也就是說，嬰孩的主食是相對安全的母乳。來自食物、受污染食材等的污染源，大多在口腔和腸胃中就被酚類殺死，而酚類透過母乳進入嬰孩體內正好讓他們多一份保障。

十八世紀的英國，與早期中國或中世紀末的日本一樣，透過新的飲料讓城市人口成長。人類在與微生物之間的拉扯稍微占了上風。經歷一連串的巧合，透過食物和飲水傳播的消化道疾病被逼到絕境。直到十九世紀中，歐洲城市有了公共衛生概念和比較安全的用水，茶的重要性才稍微下降。歐陸大部分區域比較沒有喝茶的習慣，這些喝咖啡、喝酒、喝水的人，也是在這個時期才展開城市與工業革命。

茶並非工業革命的肇因，它不是工業革命發生的必然要素。中國人與日本人長久以來享受茶的健康效益，商業城市的水準也相當高，顯露出的工業化跡象卻是微乎其微。在英國，原本靠著風力、水力、獸力節省人力的裝置，逐漸進入蒸汽機的紀元。勞工人口與能量的需求大增引發了這個發展，也不難看出喝茶習慣大眾化對工業革命的影響。在茶之前，大眾飲料是啤酒，帶給各國莫大的財富，十七世紀的荷蘭就是如此。然而到了十七世紀末，製造啤酒要耗掉英國一半的穀物。人口加倍又加倍，英國不僅要用盡所有穀物，還得從國外進口，才能確保啤酒供應量。

農民和其他產業的粗工喝下大量啤酒以補充體力。然而，啤酒有其缺點：它帶來微醺感、提供短暫刺激，但過了一個多小時就會讓人放鬆下來、昏昏欲睡，有時還伴隨著輕微的抑鬱。換作是茶，它的提神功能不僅讓肌肉活動更有效率，同時也增進專注力、消除疲勞，而且喝下後幾分鐘就生效，在四十五分鐘時達到巔峰，隨後維持一兩個小時之久。這對工人來說相當理想，是啤酒達不到的效果。

與迅速運作的機械為伍，需要高超的技術和專注力。純手工的紡織工人還能以自己的步調工作和休息，但操作織布機就需要持續不斷的關注。英國蘭開夏郡（Lancashire）的棉布工廠老闆，應該不會訂購大量啤酒或鼓勵工人「喝酒休息」；一桶桶啤酒也不太可能出現在礦坑裡，讓礦工補充精力。因此，當肌肉或精神操勞到極限（第一次工業革命期間便是如此），茶就成為勞動現場的無價之寶。第一次世界大戰時，工廠裡能廣泛看到送茶推車，而十九世紀中期就能在新蓋好的火車站內找到茶水鋪，之後的蒸汽船上也有這類設施。

茶一直都是工人放鬆與提神的珍貴飲料，他們通常會喝下可觀的量。我有個企業家朋友說，他在一九六〇年代詢問伯明罕一家大型鋁片和鋁箔紙廠「詹姆斯・布斯工廠」的工人每天喝多少茶。那人算了算說要十七杯，而且越濃越好，每次都要加奶加糖。工人們用的是琺瑯金屬馬克杯，容量大約半品脫，所以一天要喝將近九品脫的茶。

八十年後，法國和日耳曼也掀起工業革命，只是他們沒有茶來助陣。那時的狀況有所改變，首先是機器更有效率——沒那麼需要人力操作，也比早期剛研發出來的裝置安全許多，不用那麼戰戰兢兢。

茶反映了勞工的需求，成為十八世紀末勞工階層的新飲食重心。當時的勞工每天會在茶和糖上頭花到十分之一的餐費，一二%的預算拿來買肉，啤酒只分得到二・五%。茶配麵包和起司是正餐鐵三角。以同樣價錢買到的白麵包，能提供的熱量是肉或糖的兩倍，因此「麵包加茶是收入有限者很合理的飲食選擇」。[15] 肉類和啤酒價錢飛漲，如果又少了這個便宜兼能暖胃的商品，難以想像會有什麼後果。

茶會搭配高熱量的糖飲用，使得它的效益增幅。英國是歐洲數一數二的砂糖進口國，它帶給數百萬勞工滿滿的能量。在西方，茶的效果與砂糖的引進密不可分。又甜又熱、既放鬆又提神，「一杯好茶」是人體的中央引擎，帶動了整個工業化，或許跟蒸汽機的煤炭一樣重要。食物、衣物、住所——這些都可能惡化，窮人的生活環境低賤貧困又不衛生，許多報告中看得到這樣的紀載，不過「美味的英國茶」幫助他們撐過危機並創造新世界。

那麼，茶葉貿易、喝茶習慣的崛起，又是否與大英帝國迅速成長擴張有關？在掀起喝茶熱潮前，英國在美洲、西印度群島擁有一些殖民地，以及印度和遠東的幾個貿易站點。這是一七二〇年的景況，英國即將瘋狂追求便宜的茶葉供應內需。過了一個半世紀，英國控制世界史上最龐大的帝國，包括澳洲、加拿大，還有非洲、南美洲的幾塊殖民地，其中最不容忽視的就是英國皇冠上的碩大珠寶——印度。

對茶葉的需求大幅影響了經商航線，以及皇家海軍、商業資本、銀行與信貸系統。它讓英國商業迅速發展，特別是對亞洲貿易網絡的控制力。它驅動帝國向外擴張，踏上一塊塊能種茶的土地，特別是喜馬拉雅山麓和東南亞。茶讓帝國朝著某個方向前進，在波士頓茶黨事件中失去北美後，被中國拉著往東方與東南方跑。它同時也是英國貿易的核心商品。

茶對東印度公司的影響格外重要。儘管這間公司以辣椒和香料起家，但等到荷蘭人緊緊掌握這些商品後，他們就把目標轉向另一種輕量又高價的商品——茶葉。茶攻下公司年收寶座，帶給東印度公司龐大利益，幫助它征服以及管理印度，成為世界上數一數二的強權。「它（東印度公司）富可敵國，權力大到能占領土地、鑄造硬幣、調動部隊、結盟、宣戰或談和，還擁有民事與刑事的管轄權。」[16]這份權力與財富，又進一步推動茶的版圖。

說來有些諷刺，要不是有中國的茶葉貿易，加上東印度公司的錢與權，英國也無法拿下印度。其間的連結不是那麼明顯，因為直到東印度公司在一八三三年失去茶葉貿易的獨占權後，印度的製茶產業才進入商業化階段。

另一個間接關係，則與茶推動英國工業化的效應有關。假如英國沒有歷經工業革命，以鋼鐵與蒸汽為基礎發展出進步的武器和器材製造，也無法在軍力上壓制競爭對手，形成雄偉的帝國。這個國家需要市場來銷售所製造的商品，首先是棉布。假如他們還處於農業社會，那就不可能賣得更多。因此茶讓工業、城市和人口成長，對英國帶來連鎖效應，進而從世界各地搜刮糖、茶葉、橡膠等商品回來供應母國的製造業。

大英帝國、茶、海洋之間常被提起的關聯，就是從中國運回茶葉的高桅帆船。美國造船業在一八二〇年代和一八三〇年代發明了外型俐落的飛剪船，英國則在一八五〇年代打造出嶄新的鋼鐵外框船隻，成為把茶葉運回英國的得力助手。新穎的運茶飛剪船發展出能乘風破浪的輕盈船首，船尾狹窄、長寬比拉長許多，也添設了好幾片船帆。

這些船隻在蒸汽船問世前的幾十年間，為長程海運帶來革命性發展。拿十九世紀早期東印度公司的笨重帆船跟中期的美妙船隻相比，便可看出巨大差異。茶葉船無論開發年代早晚，都是英國船隊中最有效率的成員。水手並非被迫上船，還發展出獨特的系統。此外，船上人員都能私藏一些貨物帶回歐洲賣並獲得一部分利益，於是運茶船引來最優秀的水手。

這些飛剪船在彼此競爭的過程中不斷進步，鋼鐵、木頭、船帆、人力融合成近乎完美的境界。據說曾有三艘船，皆出自格拉斯哥某間造船廠，乘著同樣的潮流從中國出發。它們品質一樣好，在幾千英哩的航程中各自前行。經過好幾天的航行，最終紛紛在英吉利海峽的利澤爾入港，抵達時間先後只差了一個小時。

茶葉不只在海上貿易占有重要地位。負責侵略與捍衛帝國遼闊版圖的其實是一小撮英國軍官和平民，他們的健康狀況往往不是很好。各位可以透過吉卜林的作品想像殖民時代的部隊。當他們在世界各地的平屋、宅邸，又或是在沙漠、森林、山嶺間紮營時，能喝什麼東西？如果直接取生水來喝，他們肯定會病倒。雖說某些英國人口較多的地區也發展出釀酒工業，但啤酒還是太笨重，在炎熱氣候下難以安然送到帝國遙遠的角落。商人、船長、政府職員，這些人在家鄉經歷過一七四〇年代掀起的喝茶熱潮，從一七六〇年代起在世界各地打拼。他們是否酗茶成癮？如果是的話，會帶來什麼顯著差異呢？

我們也可以想像一下他們遇到的原住民。英國軍隊帶著大砲以及從世界各地招募來的士兵昂首闊步、攻克強敵，茶又在其中扮演什麼角色？我們知道在十九世紀末期，茶葉成為英美軍隊的重要配給品，主要是為了健康考量。拿破崙有一句名言：「軍隊靠胃袋行進。」如果要讓士兵在正確的時機出現在正確的地點、精神抖擻、靠著力量與戰技取得戰果，他們的健康就是重要因素。遭受疾病襲擊的軍隊將失去戰鬥力，很可能讓敵人不戰而勝。然而，這麼多人在鄉間尋找食物和飲水、夜裡擠在臨時住宿處睡覺、承受各式各樣的龐大壓力……這些都是疾病蔓延的絕佳條件，特別是痢疾、傷寒、霍亂這類使人耗弱的腸胃疾患。他們也格外容易染上其他與寒冷和群聚有關的疾病，尤其是斑疹傷寒。

在那之前，歐洲軍隊曾靠著飲酒來迴避喝下污水的危險性，但喝太多酒只會降低士兵能力，造成精神不振和抑鬱。上戰場前灌一點酒或許有助提升士氣，但只能持續短短幾分鐘。此外，笨重的酒桶難以承受漫長行軍，要麼很快就被喝光、要麼走味難以下嚥，使得之後許多士兵因染上消化道疾病倒下。

威靈頓公爵（Duke of Wellington）強力宣導茶的好處，行囊裡總是帶著一只由雕塑家弗雷克曼設計、威治伍德公司製作的茶壺。他在滑鐵盧對麾下將軍說，喝茶能讓他思緒清明，從不誤判情勢。克里米亞戰爭期間，在寒冷與泥濘的艱困環境中，加尼特・沃斯理（Garnet Wolseley）[17]「要求飢餓的士兵至少要大量喝茶」。他同樣在遠征加拿大平定紅河起義途中發配茶葉給士兵，並教他們如何泡茶，無論冷熱都能喝。南丁格爾觀察湧入她所在戰地醫院的頹喪傷兵，注意到茶的益處：「對英國傷患而言，沒有任何事物比得上他手中的熱茶」。[18]

茶確實是兩次世界大戰中的重要物資，許多部隊都分配到一定的茶葉。關於茶的刺激性，美國神經學教授莫賽斯·艾倫·史塔爾（Moses Allen Starr）在一九二一年發現「在大戰期間，英國部隊有無限的茶水配給。他們水壺裡裝的是茶，不是水……」[19] 確實，小說家安東尼·伯吉斯（Anthony Burgess）斷言：「要是沒有茶，英國就打不了勝仗。」[20]

英國陸軍軍醫總監迪倫西（de Renzy）寫道：「我只能說，部隊在漫長的行軍途中面臨嚴苛考驗，而一杯阿薩姆茶就是最能喚醒士兵精力與韌性的飲料。」[21] 他在世界各處實踐了這個論點。有件軼事格外有趣，就發生在茶的發源地——阿薩姆與緬甸邊界。一八七九年遠征那加丘陵前，迪倫西「指出使用髒水導致疾病蔓延。根據他對這個國家的瞭解，他建議進入山區的部隊每天都該分到茶水，不只能解渴，還可以提神醒腦、恢復精力。迪倫西醫師說應當嚴禁喝雨水」。[22]

美國陸軍第七步兵師的卡爾・瑞奇曼上尉（Captain Carl Reichmann）從另一個戰區切身體驗到茶的特性：

戰爭期間，我在滿洲見識到兩個喝茶大國的軍隊。要不是親眼所見，實在難以相信雙方士兵發揮了何等實力。夏季悶熱潮濕且不時下起豪雨，路面又總是泥濘不堪，行軍成了痛苦的考驗。打了好幾場仗，部隊每天不分日夜地交戰，睡得少也吃得少。他們疲憊到了極點，卻從未倒下；他們泡茶喝下，繼續上陣……茶在熱天是解渴聖品，在冷天則能活絡凍僵的身軀、平息轆轆飢腸。在馬背上餓著肚子行軍至少三十六個小時的騎兵，要恢復生理平衡只能靠茶。我進軍營的第一件事，就是往水壺裡灌滿淡淡的茶水。23

各路軍隊靠茶提神的原因，可能是它的主要成分之一。咖啡因在激勵身心的同時讓人放鬆、令飲用者更有信心，也讓戰場上的士兵表現得更好。此外，咖啡因能抵擋壓力與傷痛，因此大部分英國人在遭遇意外後往往會來一杯熱呼呼的甜茶，而糖分也有很好的效果。茶裡的咖啡因還可以抵抗寒冷。戰爭中，集結微小的優勢便能帶來決定性的差異，喝茶可能是許多戰役中扭轉命運的關鍵要素。

因此它出現在喜瑪拉雅山脈的前線，穿過廣闊的平原，深入緬甸、橫越非洲，讓世界地圖上英國的領土逐漸增長。英國軍官不但自己喝茶，也推廣這個習慣，使得軍隊的健康狀況相對良好，帶來一次又一次的成功。士兵的肌肉與精神，還有他們的腸胃健康全都大幅改善。戰場與任何競賽一樣，在關鍵時刻累積微小的優勢，久而久之就成為龐大的益處。能在一場戰役占上風，對於最終戰果的影響可說是非同小可。

茶與英國人幾乎成了同義詞。從東方引進茶葉後，英國人喝掉的茶遠超歐洲其他國家。茶也與整個大英帝國密不可分。帝國不斷成長，英國人輸出其他文化要素，像是語言、法律、政治體系、遊戲（槌球、英式足球等）、組織（俱樂部、信託等），而茶也是其中之一。

起先，茶是白人殖民地的帝王級飲料，加拿大與新英格蘭的殖民者也跟著喝。一七七三年的波士頓茶黨事件後，美國人拒絕了茶跟英國的規矩，強調這兩者是一體的。這比較接近意識形態，因為實際上美國人還是繼續大量喝茶，然後假裝自己只喝咖啡。

帝國失去了一塊版圖，但隨後又得到新的戰利品。先前曾提過世界上（除中國跟日本外）喝最多茶的是澳洲人。他們的單人喝茶量甚至超越英國，紐西蘭沒有落後太多。最有名的澳洲歌曲〈叢林流浪〉（Waltzing Matilda），副歌裡提到的「比利壺」（billycan）就是泡茶和裝茶的器具。

茶原本是大英帝國白人的飲料，但是隨著十九世紀後半製茶產業在阿薩姆和錫蘭先後紮根，印度次大陸成了嶄新的廣大市場。印度人在十九世紀末之前幾乎不喝茶，然而一九五九年卻成了全世界第二大茶葉消費國。[24] 成長迅速的印度，現在能喝掉四分之三國產茶葉。葡萄牙、西班牙和法國推廣他們自己的葡萄酒和咖啡，英國則推廣茶葉，同時深深依賴著它。希格蒙醫師（Dr. Sigmond）在一八三九年寫道：「關於茶葉的專書，能證明我們的國力與其緊密相連；我們現下的豐功偉業，甚至是社會體系中的愉悅氣氛都源自茶。它能讓大家看見我們在東方的強大帝國、我們的軍力優勢，以及我們在藝術與科學的進步，這些都與茶難分難捨……它刺激工業發展，對健康、對國家財富、對人民的喜樂厥功甚偉。」[25]

10 工業與茶

少了茶，大英帝國和英國工業主義不可能誕生；少了穩定供應的茶葉，英國企業將紛紛崩毀。阿薩姆被寄予厚望。然而即使到了一八六〇年代，情勢依舊充滿了不確定性。一八六七年，阿薩姆茶價跌到低點，象徵英國與中國茶削價競爭的嘗試陷入泥淖。起初看起來無比樂觀，漸漸越來越無望——投資者喪失信心、訂貨量一蹶不振，而大批茶農也難以維持生計。為了扭轉局勢，必須動用極端手段。

當年採取的方式，是將茶園化為室外工廠、把每一個製茶程序「工業化」以降低成本。英國仿造在其他產業上的成功模式，運用科學與管理技術來製茶，所有的步驟（從整地、種植、採收到茶葉裝盒封箱）都在茶園完成。

因此，茶園成了極為特殊的場所。其結合了資本金融、勞力組織、機械化，類似一般工廠製造工業產品；不過，涵蓋範圍不只將原物料轉化為成品（比如棉花工廠），還得先種出原物料。茶葉產業是英國於十八世紀綜合農業與工業（工廠）的變革成果，能在每個層面看到嚴格、刻板、精確的人力與其他能源運用。

英國工業化的成功，是藉由拆解工序讓每一個步驟更有效率。特別是製造業，把產品拆成一個個零件，每個工人都專精某種工法。透過生產線的原型概念（統一標準化、將製程打散、使用受過訓練且極有紀律的勞工、照表操課、人人都能無止盡地重複單調的作業等），最終拼湊成需要的產品，這就是英國從早期工業化裡學到的作法。這個概念也能用來增加棉花、咖啡或英國最重要的商品——茶——的農業產量嗎？英國農業的進步，暗示著這些改革手段絕對能走出工廠與工作坊，讓動物與農作物也能像機器產品一樣處理。

這當然也會有不少問題。其中之一，就是印度茶園工人得與極度廉價的勞力競爭。中國和日本的茶園人事成本幾乎是零，他們能生存是因為在茶園工作的多半是女人和小孩，而農民要養家活口得靠其他作物。無論用什麼方法，都必須把效率提升到極致，才拼得過那些低廉的勞工。

山謬・波爾在一八四八年提出這個問題，並宣稱他已經找到解法。他表示：「英國殖民地茶樹成功培植的最大阻礙，就是中國的大量廉價勞工；我們殖民地的人力昂貴，茶葉加工過程既耗費人力也耗費金錢。但這些都是錯誤的假設。」他進一步論述這並非真相。印度人比中國人還窮，因此他們的勞力理當更便宜。「如此看來，考量到人力成本，要成功發展茶葉產業，印度的優勢並不亞於中國。」

他這樣推論：「如果一磅茶葉成本低於十到十一便士，就算條件再怎麼優渥，中國人也做不出能滿足大眾標準的好茶。根據我國目前與中國的貿易關係判斷，一磅茶葉的成本可能高達一先令二便士到一先令四便士，無法壓低。」然而在印度，「茶園經理的月薪是五盧比，他們的助手是三盧比，園裡工人則是三至四盧比」。因此他相信「薪資如此低廉，可以肯定只要有合適又便宜的營運體系，阿薩姆的茶葉產業應當能與中國一較高下……」

我們可以從荷蘭在爪哇的成就看出端倪：「（根據荷蘭販售的茶葉數量來看，）從一八三九到一八四四年，爪哇的茶葉年度平均產量成長到二十一萬八千磅。」波爾發現「茶葉從那座島送到荷蘭的運費是一磅八便士……既然爪哇能把製茶成本壓得這麼低，沒有理由在印度就做不到。目前，茶在中國產地加工包裝的成本是每磅七、八便士，考慮到人力成本，我們可以假設同樣品質的茶若是從印度輸出，成本價會是一磅四、五便士。」毋庸置疑，印度的茶價可以比中國低。他觀察到英國原物料普遍能賣到一二〇%的價錢，這對英國來說將是莫大的利益。[1]

這個難題的一般解法是機械化——效仿英國農業，用機器取代人力。然而，種植、培育、採茶等步驟完全不可能機械化。光是要用機器取代手工織布或脫穀已經夠難了。製茶產業初期程序（也就是一直到採下新鮮茶葉為止）的機械化，至今仍舊無法達成。清除林地、在陡峭坡面種植茶樹、翻土除草、插下尖端的嫩葉（最耗人力的階段）、把茶扛去加工處——這些全都是機器做不到的事情，不過英國人認為可以讓這段更有效率，無須像中國那樣冒險。

首先要清除林地，接著種下大片茶樹以及避免日照過度的遮蔭樹木。到這邊為止，已經用上不少心力和「科學觀念」。每叢茶樹間要拉開多少距離？怎樣的土質最合適？每一排茶樹的位置要如何安排，才能採到最多茶葉？要種多少遮蔭樹木？種哪種樹？最好的茶種是什麼樣子？該如何培育？這些問題都該謹慎考慮。等到茶樹種好，他們便展開一系列的實驗與培訓，探討剪枝的頻率與功能及運用肥料、噴霧器、殺蟲劑來防治病蟲害。之後設置茶葉研究站以調查最佳種植方法，阿薩姆的托克萊（Toklai）就有一處。一次又一次的實驗、不斷改良種植方法，這些並不是中國小農使得出的手段。英國投入可觀資金開闢更大的茶園，決心將獲益提升到最大，最終總算實現了提高效率的理想。

因此，在阿薩姆種下的茶樹都經過系統化的仔細安排，而非像中國那樣放任茶樹隨地生長，或採用日本的樹籬模式。運用化學與經濟植物學的知識，他們持續研究土壤、殺蟲劑、最佳種植法、剪枝等，並將其結合成接近軍事操練的技術。

茶園工人住在一列列類似帳篷或營舍的小屋裡，並嚴守固定的作息時間。原本從英國礦坑、工廠、工作坊裡延伸出來的漫長工時，也套用在他們身上。他們接受命令，按部就班地執行一連串精心規劃的瑣碎工作，特別是在採茶階段。他們成為龐大機器裡的零件；

在這臺機器裡，他們是一個個採集茶葉的小機器。唯一的差異是工廠工人站在定點，材料零件透過輸送帶滾到他們面前；茶樹無法移動，採茶工人得走在恰到好處的通道間，永無止盡地摘起最嬌嫩的一心二葉。

在烈日之下，採茶工人站著工作好幾個小時，注意力全放在他們該摘的茶葉上。《每日電訊報》一九三八年的特刊報導中描述了這個程序：「女性雙手並用，一天能採下三萬個嫩芽。原則上摘茶葉前得仔細檢查，確保細枝或粗糙的東西不會進入工廠，因此這個數據有些可議。採茶大約要花上十天，一磅茶葉需要三千兩百個嫩芽。」[2] 也就是說，假設十九世紀的工人一天採茶十小時，工人無論男女，都需在一小時內摘起三千個嫩芽，等於是一分鐘五十個。

要在樹叢間移動並把裝滿的簍子送去集中處，工人的大腦、手臂、背部、雙腿、雙手得同心協力，每秒至少進行一次「伸手、摘茶葉、放進竹簍」的動作，持續好幾個小時，一禮拜只休息一天。還有人提出更高的採茶數據。一九五〇年代的茶葉產業權威坎伯爾・羅納德・海勒（Campbell Ronald Harler）宣稱，「一名女性每天可以摘下六十到八十磅的茶葉，能在三十秒到四十五秒間摘完一棵茶樹。」[3] 難以估計耗費在單調無趣的肉體勞動上的人力究竟有多少。時至今日，用的依然是這套方法。

茶園成了人力密集的苗圃。道路、小徑、樹叢、工廠、沒有隔間的工棚，以及勞工規規矩矩的行動，構成了以分鐘為單位的精準系統。綠地是工廠的延伸，樹蔭是唯一的天花板。

不過，英國人能將工業技術直接運用在加工上，把綠油油的葉子變成漆黑乾燥、裝在盒子裡的商品。在阿薩姆與錫蘭（斯里蘭卡）掌握全盤的製茶技術後，他們開始運用機械來提升後期加工的效率。茶終於成為工業產品：原物料送入工廠，經過以蒸汽或水力推動的機器加上少量人為操作，成為一箱箱紅茶。這是阿薩姆茶葉成本漸漸低於中國的原因之一。從傑出發明家威廉．傑克森（William Jackson）的故事能夠窺知一二。[4]

一八七〇年代早期，當時還是個年輕小伙子的威廉．傑克森與他的兄弟約翰拜訪過一座茶園後，搭船沿著布拉馬普特拉河順流而下。期間船隻擱淺，他們在等待修理的空檔於周邊地區散步，見到一組馬歇爾手提式蒸氣引擎；這種裝置已在印度用了幾十年。傑克森回到英國，與不列顛尼亞鋼鐵公司（Britannia Iron Works）合作，替專精農機的馬歇爾氏股份有限公司（Messrs Marshall Sons & Co. LTD）研發製茶機械。一八七二年，傑克森在阿薩姆的希利卡茶園（Heeleakah garden）設置了他的第一組揉捻機。儘管這一切奠基在舊有概念之上，他的揉捻機效率還是高出許多，很快就取代了耗時的手工揉捻。他開發出好幾款機型，包括傑克森式「交互型」、「超越型」、「手動型」等型號，均以厚重外殼包裹複雜的機件。一八七七年，他發明了「高速型」揉捻機；這款機型在業界稱霸二十年，光是一八九九年就賣出了兩百五十臺。

傑克森在一八八四年打造出第一臺熱風乾燥機，據說那些型號——維多利亞、威尼斯人、模範——至今仍然人盡皆知（確實，我在二〇〇一年造訪阿薩姆的一座茶園時，他們還在使用不列顛尼亞的機器）。這些機器運用抽風扇，將熱空氣往上吹過放了茶葉的托盤，以加速乾燥程序。一八八七年他推出首臺碎型揉捻機，隔年又發明了茶菁選別機，一八九八年的成品則是自動包裝機。馬歇爾氏公司製造的成熟機件在他手中進化成長，賣到幾乎所有產茶國家。

從製茶成本的變化，可以看出傑克森的機器帶來多大的效益。他在一八七二年剛開始研發時，一磅茶葉的成本是與中國差不多的十一便士；到了一九一三年，升級的機器把成本壓到一磅三便士。八千臺揉捻機負擔著一百五十萬名工人的工作量。原本要用八磅重的上好木材製成木炭才能烤乾一磅茶葉，但傑克森的機器無論用普通木材、乾草還是廢料，都可以達到同樣的成效。四分之一磅的阿薩姆煤炭，便能烘出一磅茶葉。傑克森也瞭解，若茶葉一進入乾燥艙就停止發酵、乾燥後馬上冷卻下來，便能把精油保留在葉子裡，品質將更上一層樓。傑克森在一九一五年過世，將一半資產（在當時可說非同小可的兩萬英鎊）捐給茶葉產業相關的慈善機構。

與中國買茶時，茶葉送到英國商船上之前，大約有三分之一的開銷是花在從產地送下山的運輸過程，以及給掮客的過路費（港口的行商也要抽一筆）。阿薩姆的茶園運用兩個策略將這方面的開銷降到最低。首先，掮客與貪腐在英國的勢力下無法生存，所以茶葉順流而下運到加爾各答途中；如此不需花錢買通任何人，也不用付過路費和稅金。再來，茶葉不是由大批苦力背下山（甚至不需要獸力），而是透過蒸汽革命給英國人的兩項利器——搭蒸汽船沿著布拉馬普特拉河來到下游，或靠著迅速發展、在十九世紀末期深入阿薩姆中部的火車路線——以最低成本運送茶葉。

這些全都有英國在印度和錫蘭的政治與軍事控制力撐腰，和平穩定的行政體系、司法安全是蓬勃發展的必要基礎。它還獲得龐大的資本金融支援，不斷尋找帶來更多利益的投資項目，將土地、勞力、茶樹重新融為一體。很快地，這項產業的運行就能供應全世界的需求，讓人人都喝到經濟實惠的茶。機器、勞力配置、蒸汽、資本主義，就這樣在布拉馬普特拉河河畔，創造出另一個曼徹斯特和伯明罕。蒼翠美好的東方伊甸園，與都市裡的黑暗撒旦磨坊形成對比。

為了維持軍隊式的組織，茶園有著嚴格的上下關係。在經理與他的歐洲助手之下，配置了幾名印度籍主管。最資深的領班要盯著每一個人達成目標並負責報帳。他手邊有一筆特殊零用金可以運用。現場工頭要和苦力一起待在茶園，整天陪著他們、監督他們和「班長」完成指派工作。

班長是聰明一點的苦力。每位班長都要為他的「手下」負責，早上把大家趕進茶園幹活，向現場工頭報告每日工作進度，讓工頭記錄下來。他們也得進經理辦公室，親口報告當天工作狀況、通報偷懶者名單、取得隔天的工作命令。一名英國書記負責管帳，整天坐在他的辦公室裡。製茶工廠也有班長，他們的技術與知識左右著茶葉的品質。

一名當地醫師負責照顧苦力，偶爾有一名歐洲人來拜訪，記錄出生與死亡人次。這裡還有守衛監督所有的產線，向醫師報告哪個苦力生病了，或確認沒有人偷雞摸狗。有個守衛在苦力外出時全程陪同，可能是為了防止他們逃跑。此外，還有人負責照顧用來整地和搬運的大象，這些纖細的動物需要妥善關切（以及大量生米）。扛重物的閹牛晚間能吃到煮熟的米飯，牠們的食量抵得上一整家人。

發給茶農的手冊中記載，儘管有守衛組成監督網絡，經理與其助手還是得抱持戒心觀察苦力是否試圖欺瞞：女人將其他植物塞到簍子底部，這樣秤起來比較重；男人剪枝拖拖拉拉，試圖熬到超時領加班費。就連孩子也信不得，他們的工作之一是抓毛毛蟲，每日業績目標是二十磅重，但有人會拿前一天的收穫來矇混過關。

大批接受紀律規範、領取最低薪資的勞工構成茶園的內部引擎，再加上工廠的機器與高效能運輸工具，標準化的高級茶葉就此誕生。中國和阿薩姆的工人流血流汗，讓英國商人與投資者、世界各處喜愛喝茶的人成了全都是贏家。

便宜濃烈的阿薩姆茶摧毀了中國的外銷市場，工業革命再次獲得勝利。這次不像過往蘭開夏棉紡工廠（Lancashire mills）毀掉印度棉布紡織工生計那般，而是破壞外銷行情，令大量中國製茶工人失業。中國的外銷紀錄無比慘淡。

漢學家波乃耶（James Dyer Ball）的《中國風土人民事物記》（*Things Chinese*）在二十世紀初出版，書中提供以下數據：「一八五九年印度的茶葉尚未外銷，中國將七千零三十萬三千六百六十四磅茶葉賣給英國……到了一八九九年，中國的外銷茶葉量跌至一千五百六十七萬七千八百三十五磅，印度茶葉的銷售量爆增到連中國也未曾達到的數字——兩億一千九百一十三萬六千一百八十五磅。」[5]

以下是兩組區域性的報告，數據相當驚人，可以看出中國當地遭受多大的衝擊。

一八八二年，超過六千萬鎊的茶葉從福州運往英國，是該港口將近七成的年度出口量；澳洲買下另外的一千八百萬磅茶葉，又占了兩成。才過了八年，出口量砍半：兩千三百萬磅送去英國、一千四百萬磅送去澳洲。羅伯特・蓋德拉（Robert Gardella）在一九九四年關於茶葉貿易的著作中，引用了一位不知名中國人的發言：

靠茶維生的人不少：墾山的、採茶的、開茶莊做茶的、賣茶的，還有品茶專家。一八八一年後茶價跌得很低……茶莊老闆跟做茶箱的工匠倒閉不幹，許多茶農沒辦法靠茶養家了。有田的拿去種別的莊稼，沒田的只能跑去砍柴。辛辛苦苦種出茶來卻落得這個田地，真是可憐啊！現在種茶只是種田之餘的小副業……沒飯吃的人只能讓滿山茶園荒廢，沒多餘的力氣看顧了。6

一八九六年，廈門的海關年度報告寫道：

本年度貿易總額大跌。二十五年前有兩百萬關平兩，現在只剩十萬關平兩。原本還能過上好日子的茶農，現在不得不在茶樹間種地瓜維生。

隔年報告又寫道：

這很可能是最後一份將廈門茶葉出口列為重要項目的報告。二十五年前，出口了六萬五千八百擔（一擔約為六十公斤）的茶葉；今年僅有一萬兩千一百二十七擔……現在要提救濟方案為時已晚，原本的出口冠軍已然垂死凋零。

四、五年後的紀錄中寫道：「廈門已經不見茶葉出口。一九〇〇年，從漢口直航倫敦的貨船首度掛零。」[7]

成千上萬的中國貧農與揹客原本生活就不好過，當前又突然失去這份額外收入。整條生產鏈上，從山上的農夫到製茶工人、運茶的苦力、港口的腳伕和行商，沒人逃過此劫。十九世紀後半的中國政局與宗教極為不穩，而茶葉產業的悲劇，令局勢又更加動盪不安。

11 勞力

中國貿易崩毀後，可以確定阿薩姆大獲全勝；既然如此，大批阿薩姆工人的待遇理應有所改善。對茶葉癡狂的混亂景況逐漸建立起秩序，茶葉產業賺進大把鈔票，世人更加瞭解預防性的醫藥和飲食，開明的資本主義認為工人可以從中獲益。市場這隻「隱形的手」將會確保每一個人都發大財，前提是政府沒有出手干涉。剩餘的就是個人利益的問題，畢竟健康的工人做事更有效率。

十九世紀末，愛德華．曼尼上校（Colonel Edward Money）在他著名的茶葉產業教科書中闡述了一條原理：

收集所有證據、四處打聽一番，可以看出製茶產業的苦力受到良好對待。

好好照顧他們是為了茶園主人和經理的利益，利己誘因比任何政府規範都來得強大。「苦力守護者」的視察帶來的干涉，會摧毀茶園主人或經理與他們手下之間應有的情感（儘管這方面本身就存在重重阻礙）。若是廢止一切政府介入，我相信輸入阿薩姆的苦力將能過上更好的日子。[1]

為了保護茶園不受「干涉」，茶商組織了管理機構。印度茶葉協會（India Tea Association，簡稱ＩＴＡ）於一八八八年成立，類似規模較小的東印度公司，唯一的商品是茶葉。功能上也是相去無幾——支持貿易共同體，規範薪資、工作環境與招募手段。阿薩姆有九〇％的製茶公司都是會員，與他們在倫敦和加爾各答的代表並肩堅決反對幾乎每一項改善茶園工人待遇的措施。他們擋在茶園經理與政府之間，如同一九〇一年的某個委員會的評論：「委員會一個又一個地開、法案一條接著一條，內容大同小異……每個都比前一個還要失敗。」

亨利．寇頓（Henry Cotton）在一八九六年成為阿薩姆首長，親自視察多座茶園，還派出一組組職員定期視察其他茶園，令協會成員格外憤怒。他還找了軍醫總監威廉．坎培爾‧麥可林（William Campbell Maclean）報告運送工人的船隻環境。這些視察、坎培爾的建言與寇頓的最終報告，惹得ITA慌慌張張地開會，譴責「視察茶園是毫無用途的干涉行為，茶農經歷的麻煩與憂慮只能說是來自體系的欺凌……」某場ITA會議的主席怒吼道，寇頓甚至放肆地當著他們的面「濫用職權，還說要課罰金」，贏來響亮掌聲。

亨利‧寇頓在孟加拉的法務部門表現可圈可點，寫了一本書《新印度》（*New India*），表達對獨立運動的同理。他的名聲極好，不僅投入全副心力協助印度民眾，也導正許多他的同僚連看都沒看出來的諸多錯誤。他拿上一任印度副王（即總督）里彭侯爵（Lord Ripon）當成榜樣，這兩人都遭遇過旁人的懷疑、鄙視，甚至是憎恨。

孟加拉人自然對他敬愛有加，印度媒體如此表達他們的感受：

印度人民從未有過如此真誠的朋友，無私的支持者……受過教育的本地人將他視為偶像，這是極少英國人能獲得的地位……大部分的英國人對本地人不屑一顧……寇頓先生卻對這個國家的人民展現同情，如此難能可貴的對照……多虧了他毫無分別的慈善，許多受過教育的孟加拉人才能擁有今日的成就。[2]

當他要調離原職時，數百名仰慕者前來火車站送行。「他們藉此對他致敬，這在英國官員中可說是史無前例。」《印度鏡報》如此報導。他的著作也讓媒體震驚不已，像《雪梨晨鋒報》就如此評論書中內容：「得知英國人在印度的表現如同以往東印度公司那樣輕蔑傲慢，真是令人不悅……印度人自然無法認同英國的規矩。」保守黨媒體想知道的是，這位吃公家飯的仁兄寫出宣揚革命的言論是否妥當。

派這樣一位人物來整治阿薩姆的茶農，要他監督茶園裡的工人有沒有好好領薪水、住房子、看醫生、看招募程序是否合宜，難怪他很快就成為眾人口中的「扭曲事實者」；見到什麼都要問，還會公然駁斥。他將視察的心得全數寫下。工人也被牽扯進來，茶農說他「削弱茶農對工人的權威」。寇頓總是直言不諱。「勞工的環境相當令人憤慨。苦力全都是遭到束縛的奴隸……他們被束縛的期間可能長達一輩子。」他在報告裡如此寫道。

他看過被遣返的工人，發現「許多人在市集裡晃盪流浪，在實現返鄉心願前便喪失性命。」他建議應當成立負責管理此事的中央委員會，要求在苦力返鄉途中安排住宿與食物。ＩＴＡ宣稱他們替苦力準備了退休後能使用的土地，但寇頓察覺到「離開茶園的苦力全都貧病交加，根本無力開墾那些偏僻的荒地」。一名法官驗證了在他的轄區內，僅有七名苦力能享受這份「福利」。

還沒踏進茶園就揪出這麼多問題。ＩＴＡ將一九〇一年通過的阿薩姆移工草案（Assam Labour Emigration Bill）形容為「令人髮指的條款」，強力譴責其為「那些強行上路的苛刻條款」。他們自我安慰，深信負責管理苦力的班長「不會堅守法條與那些**荒謬的**規定」。

這條法案是為了確保苦力得先理解合約內容，甚至是合約這個概念，才能選擇來阿薩姆工作。該法案也規定必須在人力招募中心配置地方法官，讓他們見證簽署過程。ＩＴＡ堅稱無此必要，並說通常很難找到地方法官。他們反倒認為應該接受雇主的手寫聲明，畢竟目不識丁的苦力，可是連把自己的名字寫在紙上都做不到。當中央省與馬德拉斯省當局禁止ＩＴＡ繼續在那些地區募集人力，他們感到無比挫折。事後，擔任馬德拉斯省人力招募員的泰勒先生「強力主張禁止往山區招募工人……這個地區的居民大多愚昧無知，渾然不覺自己要被帶到什麼地方，直到他們離家千萬里。」

兩名外科醫師前來報告苦力的健康狀況，他們在阿薩姆地區四處巡迴，希望人力招募站能強制接種疫苗，並在那之後讓工人休息三十六個小時。每間招募中心應僱用一名助理醫師、兩名醫院助理、一名書記員，還有挑夫、取水人、清潔工，薪水由募集人力的公司支付。那些公司自然不認為他們該負擔這些開銷——給每個工人付人頭費就夠了。

寇頓問起薪資時最令茶農惱火。看到他們的拒絕、逃避、欺瞞，我們會納悶：這些茶農為何如此抗拒擁有吃好睡好，心滿意足的勞工？為什麼在接下來的七十年間，他們不斷抗拒落實提升勞動環境的措施？其中一個原因是：經理每年會依據茶園的收益獲得獎金，並拿錢來做好員工福利，而這等於是在大砍他們的薪水。

他們的住宅和俱樂部越來越豪華，在寇頓的報告後過了五十年，另一篇類似的報告舉出工人大多罹患嚴重的貧血，母親早逝，孩子只能工作、無法上學……可怕的景況是筆墨難以形容的。

寇頓要求每座茶園按月上報男女工人的實領薪資，包括加班費。他希望一併列出補貼薪資的配給品，但是「住院、藥物、醫療、住宿、供水、排水工程等費用都**不是**薪資，也**沒有**包含在內。」他不顧茶農常用的藉口，像是苦力也有拿到「好處」之類的。至於給試圖逃亡者減薪、抓到他們的人有獎金拿的規矩，都被他斥為「野蠻的習俗」。

「您說得太過分了。」ＩＴＡ抱怨連連，說繳到首長辦事處的月報「將會給茶園帶來龐大的文書作業壓力」。寇頓認為這一派胡言，並回應道：「有平均智商的書記員，每個月不用花超過一個小時整理月報。」他也沒把諸如「業界景況不佳」等其他怨言放在眼裡，堅持己見，認定目前收益輕微下滑僅是因為過度生產，很快就能調整回來。確實如此。

面對寇頓對數據的質疑——亦即茶園工人只拿到其他工人的一半薪水——ＩＴＡ說那些是臨時工，正職工人當然能拿更多。那麼出生跟死亡人數呢？為什麼「明明在故鄉是跟一般印度人同樣多產」，女人在這裡卻生不出健康的小孩，甚至完全生不出來？ＩＴＡ拒絕承認原因是寇頓暗示的過勞和貧血，提出最沒有說服力的藉口：苦力移工的婚姻關係薄弱。至於死亡率——四三．五，是印度一般人口的兩倍——寇頓說直接因素是薪水太低，

「難以過得健康舒適」，也因為阿薩姆差勁的工作環境，一開始就無法吸引健康的苦力。

ＩＴＡ內的一位喬治．迪克森（George Dickson），似乎與絕大多數成員意見相左。他在一場協會會議上提出與死亡率相關的數據，並分析道：「一座茶園約有七百人，算得上是有點規模的村子了。死亡率逼近七%，也就是說每個禮拜都要辦一場葬禮，持續一整年，或說一整年內有六個月每週都辦兩場葬禮；假如爆發傳染病，那就是每兩天辦一場葬禮，持續將近四個月。」事實上，一八九二年的阿薩姆各地茶園總共死了五萬七千人，超過當地人口數的八分之一。

即便看到這些令人憂心的數據，ＩＴＡ仍舊不為所動。會員說六十萬五千名苦力中，他們只收到二十六件抱怨，以此來反駁寇頓的批評。這個論點完全無法說服寇頓，他的手下探訪了好幾座茶園，見識到「愛惹麻煩」或意圖逃亡的苦力遭到嚴密監視。寇頓提議在工人看得到的地方張貼告示，宣布他們的權益、薪資等資訊，但ＩＴＡ酸溜溜地說他們也想知道在全是文盲的苦力中究竟有誰看得懂。

新上任的印度副王寇松侯爵（Lord Curzon）前來訪查，決定撤回每個月加薪一盧比的提案，讓協會成員鬆了一口氣。所有法案最後都會送到副王辦公桌上，而這個人將全力捍衛英國在印度的一切利益，其中茶葉貿易的重要性名列前茅。

慘淡的數據從未改善，體系中的愚昧與盲目一覽無遺。一八九二年一名ＩＴＡ發言人說道：

六十四個苦力在加爾各答登記簽約後送來此地……合約上記載他們的種姓階級是「洽西」（Ghasi），來自桑塔爾帕爾迦納（Santhal Parganas），那裡很容易招募到人手。七個月後，茶園裡只剩下生病又虛弱的十六個人；二十六人逃跑、十六人死亡，有六個人則因為永久性生理缺陷解約。當苦力抵達茶園後我們才發現，這些人根本不是桑塔爾人，而是來自西北省；那裡的苦力等級較低，容易生病。3

一名傳教士在一八八九年參與了從奧里薩（Orissa）到阿薩姆的基督教傳道之旅，他的這封信常被ＩＴＡ拿來堵住反對者的嘴：

我發現這裡的苦力比奧里薩絕大多數的勞工過得更好……奧里薩的工人靠著微薄的工資過活，往往身陷困境……比起外頭成千上萬的貧賤工人，這裡的苦力賺得更多、穿得更好，也吃得更飽。茶園提供宿舍，生病時能看醫生，要是病到無法工作還能領半薪……他們都存得了錢買牛（很多人都買了牛）……分派給他們的工作量是好手好腳的人都能輕鬆完成的那種，格外勤奮的苦力能做得更多，甚至拿到雙倍薪水。某天下午一兩點間，我在騎馬去找我的同伴時遇到一名苦力；他已經完成當天的工作、從生產線退下來，接下來的時間想做什麼就做什麼……我的同伴也認為工作不算繁重，只是他們還不熟悉，做得比較笨拙。苦力的妻子負責採茶，她們也說工作量還好，雖然要經過練習才能採到上頭要求的份量。[4]

奧里薩是印度最貧困的區域[5]，飢荒鬧得兇，當地人無論到哪裡工作都比故鄉好。多年來，奧里薩的工人是貧血最嚴重、病痛最多的勞動力，因為他們的基督教牧師禁止他們去飲料店補充額外熱量。這些店家設在每一座茶園大門外、領政府的營業執照，由孟加拉人經營，亨利・寇頓則對此抱持保留看法。店裡商品或許能替苦力補充能量，也讓政府多了一筆稅可以抽，但他們販賣的劣質烈酒往往不太衛生；那些酒對腸胃不友善，對那些連吃飯都成問題的工人錢包更是如此。

就這樣，蓬勃發展的工業化模式替十九世紀劃下句點。茶葉產業高度商業化，也擁有自己的協會大力保護，不被亨利・寇頓這類異想天開的改革者傷害。獲益方面起伏輕微（前一年過度生產，隔年就能恢復平衡），也沒有其他內憂外患。鐵路緩緩延伸到各地，鐵軌得鋪設在瘧疾肆虐的沼澤並穿越密林，進度實在快不起來。憲兵的力量讓煩人的原住民不敢進犯。阿薩姆一如以往，自成一格。茶葉產業前景看好，有繼續發展的空間，他們知道自己能舒舒服服的過下去。

一九一四到一九一八年間的大戰，促成最大的收穫量以及前所未見的獲益。壕溝裡的部隊有茶葉需求且不太在乎品質優劣，因此可以拿次級品充數，讓政府以固定價碼穩定收購。除了少數茶農跑去參軍，戰火並未實際燒到印度，只是不少印度勞動人口被送上各處前線打仗。

戰後情勢急速惡化。先是一九一九年的流感疫情，讓工人的死亡率飆得更高。接著物價暴漲，工人的薪水還停留在戰前的微薄行情，無法供應生活所需，於是他們蠢蠢欲動地要求多分到一點收益。聖雄甘地與他的國大黨登場並造訪阿薩姆，不斷推波助瀾。

戰後第三年某天，有兩百名來自沙地耶（Sadiya）、曾與甘地的追隨者有過接觸的貧困苦力離開茶園，來到最近的車站堅普爾（Chandpur）；車站旁還有碼頭，只要有車或船班就搭著返鄉。有些人瘋狂湧入車廂和蒸汽船，其餘則在車站附近的足球場紮營，一位好心人迪先生還替他們架設臨時棚架、提供醫療協助。

工人不敢離開車站，生怕會被抓回去原本的茶園。城鎮裡的「麻煩分子」更是混入人群，高喊「甘地萬歲」，情勢變得更加危急。無論政府還是ＩＴＡ，都沒準備好要「開先例」幫助這些人，最後警方與廓爾喀軍團出手干涉。報紙鎖定這個事件，一名甘地的親信來到現場，描述那些苦力一貧如洗、餓得要命。霍亂隨即爆發，死了六十五人。

英國國會對此事件提出質疑。ＩＴＡ把薪水調漲兩安那銅幣（還不到一便士），要求立法禁止外人進茶園探訪。還有更多報告，比如說一九三二年的那份就指出工人「應該要」

有免費的房子；「應該要」配給土地；「應該要」提供五歲以下的孩子飯錢，並由社福人員視察他們的生活環境。甚至，工人們「應該要」有衛生福利委員會、衛生訪查員和疫苗接種員。然而，阿薩姆的改變依然不多。

一九二七年，約瑟夫・哈茲沃斯（Joseph Holdsworth）與國會議員阿爾伯特・亞瑟・蒲西爾（Albert Arthur Purcell）代表英國工會委員會（Trades Union Council，簡稱ＴＵＣ），花了四個月在印度四處訪查。兩人參觀了紡織廠、鐵路工務處、建築工程、水力發電廠、水利灌溉計畫、印刷廠、煤礦、金礦、油田、橡膠工廠以及茶園。他們回國後將現場的種種現象撰文出版，引發可想而知的結果：自由黨的媒體震驚又羞愧，其餘則是氣得否認到底。

工寮的建築品質令人作嘔。「惡劣到難以言傳，無論以什麼角度來看都無法視為住家。不管去到哪裡，我們都會親自走訪工人的住所。若非親眼所見，我們絕不敢相信世上竟有如此令人髮指的地方。」

茶園的工寮，是一整家人住在黑暗的單間小屋裡，「起居、烹煮、睡覺……做什麼事情都在九英呎見方的空間裡，而且牆壁糊著泥巴、屋頂瓦片鬆散」。屋前有個小小院子，角落用來如廁，唯一的通風口則是鬆脫的屋瓦。包括小孩在內的四到八個人，得擠在這個黑暗滯悶的空間裡吃飯、睡覺。

到了這個時期，阿薩姆總共有四十二萬畝茶園，僱用了四十六萬三千八百四十七名正職勞工。蒲西爾和哈茲沃斯來訪的一九二七年，有四萬一千一百七十六名「移工」，雖然不是照著過去奴隸似的系統僱用。他們描述招募人力的流程：

大部分來應徵的工人都不識字，從數百英哩外的村莊被吸引來此，相信到茶園打拼總比在家鄉掙扎求生有前途。然而一進茶園，他們的自由將受到嚴格限制；即便不得禁止工人離開茶園的法規早已廢止，但仍存在許多懲罰性規定，使得工人難以放棄這份工作。

「無可否認，印度工人都在飢餓中度日，衣不覆體，還沒有好房可住。」茶園檯面上的日薪是六到四便士，視表現而定——「男人、女人、小孩的勞動力加起來，一天只拿得到三分之一便士。」接著是激怒茶農的一段陳述：「我們親眼目睹一群工人辛勤幹活，就在五碼外，茶農的年輕助手得意洋洋地拿著鞭子。依此我們能證明，茶園裡的勞工普遍遭到控制。」

他們在旅程結束前試圖策動阿薩姆學生，以改變這套從一百五十年前在他們國家生根的資本主義剝削系統。「大多數苦力的勞動狀況，是對現代文明的嚴重威脅。」他們在阿薩姆首府古瓦哈提（Gauhati）的公開場合大聲疾呼。「在英國統治的一百五十年間，三到四億英鎊流出印度，有去無回。現在時機成熟，你們該要求你們的主人，把這筆鉅款用來改善健康與衛生環境……發起組織、掀起討論……」可以從自家後院開始。至於茶園的景況，他們說：「那已經與奴役沒有兩樣……」6

對這份TUC報告反應最大的是ITA的董事會。他們於包括《泰晤士報》、《晨報》、《每日電訊報》在內的十九間主流報紙刊登告示表達強烈否認，同樣的聲明也發給《茶與咖啡貿易》等雜誌，以及路透社辦公室、大法官柏肯黑德伯爵（Lord Birkenhead）、國會議員溫特頓伯爵（Lord Winterton）和首相拉姆齊・麥唐諾（Ramsay MacDonald）。某些報社對此表達同情；反社會主義、共產主義聯盟的雜誌完全站在他們那邊，認定茶葉產業正如他們所說，是充滿慈善關懷的產業。媒體則不這麼篤定。基本上大家都嚇壞了：「歷經英國一百五十年的統治，卻還存在此等慘況，這是每個人都該認真反思的事情。」

第二次世界大戰的局勢可說是天差地遠，阿薩姆在數年間成為眾所矚目的焦點。阿薩姆通往中國的路徑原是中英雙方較勁的舞臺，現在更成為逃離日本軍隊的途徑。推土機在岩石間匆忙清出逃生通道，救出被日本人追趕到緬甸的落敗英國軍旅。接著，他們還要由此救出數千名歐洲人、中國人、印度人；少了英國的保護，他們無法抵擋緬甸軍的暴行。

緬甸仰光在一九四二年落入日本手中，顯然印度就是下一個目標，最佳進軍路線就是穿過阿薩姆。從緬甸有兩條路可以進入這片產茶、產油、產米的土地。日軍樂見阿薩姆這端開始修復損壞的山路。他們在此丟了些炸彈，刻意不去損壞能帶來致命一擊的交通管道。

日軍步步進逼，目標相當明顯。眾人害怕新加坡的悲劇會在緬甸的欽敦江畔重演，於是德里的高層發出電報，對東方前線緊急下令。歷史書中記載了ＩＴＡ與整個茶葉產業做出高貴無私的選擇：允許他們的工人離開、鋪路（他們強調這是工人自願的舉動，他們自己則盡力奮鬥）。茶農成了英雄，他們的妻子是慈悲的天使，以笑容和一杯杯茶來迎接難民。那是ＩＴＡ最高機密文件解碼、收入印度事務檔案館前的印象。這些文件記載的故事都截然不同。

仰光陷落後過了一個月，ＩＴＡ主席與一名委員在一九四二年三月一日被請去德里出席會議。他們領命要提供兩萬名勞工來負責鋪路，從曼尼普爾（Manipur）通到緬甸的塔穆（Tammu），再派七萬五千人從列多（Ledo）開始鋪路，好跟留滯中國的美軍接上線。雨季和日本大軍即將到來，因此他們動作得快。通往塔穆的路要在五月七日前完成，也就是說，要在九週內將長達兩百六十英哩的鄉間小路，開闢成供卡車和重砲行走的公路。

ＩＴＡ的兩名代表一回到加爾各答便發出大量電報。德里會議後的第四天，一名茶農帶著一百名工人前往迪馬普爾（Dimapur，即曼尼普爾之路的起點），為隨即抵達的數千人搭建營地。短短幾天內，以竹子和乾草搭建、給工人住的小屋就蓋好了。一週後，通往迪馬普爾的每一個車站擠滿了扛著鋤頭、毯子、兩星期份糧食的工人。

就是這麼剛好，軍方需要的大批人力近在眼前。若是沒有他們該怎麼辦？苦力的血汗可以說是拯救了撤離緬甸的英國軍旅；他們與山區原住民擔任挑夫與嚮導，帶來補給品餵飽往緬甸前進的工人。茶農A・H・皮樹爾（A. H. Pilcher）擔任曼尼普爾之路建設行動的聯絡官，他描述這是何等艱辛的任務。[7]原本的小路在前進一百六十四英哩後消失，抵達塔穆前的最後五十英哩還得翻越貧瘠乾涸的山地；這山高達六千英呎，每隔十英哩就上升一千英呎。兩萬八千名工人分散在兩百英哩的路段各處，帶著小型馬、閹牛、驢子艱苦跋涉，扛來一瓶瓶飲用水。他們得拿鋤頭拓寬岩壁間的縫隙、運走大塊土石，拼了命地追趕軍方訂下的期限。

接著是從緬甸往這裡來、源源不斷的難民。這對軍方來說是不小的麻煩，不過若是情況許可，他們會用載運工人過來的車輛送他們離開。他們不是緬甸人，其中有英國人、印度人、中國人，或這些族群的混血兒。他們要躲避的不只是日軍，還有緬甸人的怒氣；當保護他們的英軍一走，緬甸人隨時都會把他們交出去。一八八五年緬甸被完全吞併後，緬甸人成了二等公民，一切財富與權勢都落入外人手中。

這批難民運氣很好。他們有專車送到迪馬普爾、在當地醫院接受照顧，還獲得總督的妻子雷德夫人（Lady Reid）以茶和餅乾招待，而後再被送回印度的大城市。五天後就是五月七日，曼尼普爾之路落成，伍德將軍（General Wood）[8]馬上將其封閉，不讓另外四萬五千人往這裡逃。他們被引導到邦康（Pan San）以及胡康谷地（Hukawng Valley），走鴉片商人以前用過的小路。伍德將軍下令ＩＴＡ在那條路上盡量設置中繼站，提供難民食物與基本醫療。

雨季迫在眉睫，將軍的決策頗耐人尋味。看來軍方為了把新鋪好的路保留給部隊，打算放棄這批組成複雜的多種族低等難民，讓他們身陷瘴氣瀰漫的叢林、胡康河的洶湧怒濤，還有來勢洶洶的痢疾、膿瘡、飢餓。這個決策導致四千人死亡，但沒有人因此受到責難；那個時代的歷史學家只能默默接受，不多做評論。

當時一位偵查部隊軍官的日記揭露這些人面臨的嚴苛環境：「……在雨中踏著滿地泥濘、數百隻水蛭麻木前進。難民抵達中繼站時已經累壞了，卻還要自己搭建過夜的遮蔽物，裹著溼掉的毯子睡覺，前提是能在無數沙蠅與各種昆蟲叮咬下睡著。隔天，他們在雨中試著生火煮早餐……」[9] 泥巴積得太深，很多人跌倒了就爬不起來。英國皇家空軍在天候許可時空投物資，茶園的醫生盡力治療抵達營區的人。女人、小孩、老人相繼死去，只能把屍體丟下來給野生動物解決。

還有一條逃脫路徑，得一路往北。喬佛瑞・泰森（Geoffrey Tyson）說：「那條路看起來比較好走。」但這其實就只是一條小徑。走這條路的人在荒野間迷失方向，最後被加爾各答商人吉爾斯・麥克雷爾（Gyles Mackrell）的象群所救。他在這個區域租了一大塊地，作為大型野獸的獵場。也有一些山區原住民伸出援手，幫忙扛東西、造橋、捕魚、繪製地圖；在守護印度的任務上，他們的角色幾乎與茶園工人一樣重要。他們也傷亡慘重，有的死於腦膜炎，有的則在建築過程中出了意外。

與此同時，日軍停下腳步；不只是一九四二年的雨季，隔年一整年也是無消無息。他們也能利用剛鋪好的塔穆路，但或許是想等其他道路鋪好，以拓展行軍路線、避開土石流區域。軍機飛過上空，丟下幾顆炸彈，坐視著給美軍和奧德・溫蓋特（Orde Wingate）[10] 主導的緬甸遠征軍特種部隊使用的機場完工。反正未來他們也能利用這些機場。

到了一九四二年九月，顯然軍方需要茶園工人長期配合，還給他們取了「影子部隊」（Shadow Force）這個頭銜，每座茶園都得要交出固定人力——每一百畝十個人。他們的週薪從十二安那銅幣升到一盧比，居所也改善了些。餵飽他們的米糧被運了過來，然而孟加拉卻經歷著另一波可怕的飢荒。飛機替美國人運來牛排跟冰淇淋。阿薩姆建立起了新的秩序，眾人漸漸安定下來。所有的茶農都得負責打理大片菜園。

短暫的和平在一九四四年四月遭到粉碎，日軍從曼尼普爾之路兩側同時逼近，襲擊科希瑪（Kohima）。這是一場有名的戰役，日軍遭到空中優勢逼退，最後成為原子彈的目標。美國人回家，茶園工人也回到自己的崗位上。阿薩姆多了幾座機場、幾架運輸機、大量吉普車，以及難以計數的混血小孩。戰爭中那些令人激昂又帶著悔恨的日子，深深印在每一名茶農妻子的心中。

包括魏維爾將軍（General Wavell）[11]在內，各界對ＩＴＡ與茶園讚譽有加，說他們為最終的勝利做出高尚、無私的貢獻。ＩＴＡ的祕密檔案透露出一件事：其實驅動他們的根本不是無私的愛國心，他們只是嗅到了這個必要性。一九四四年的一則通知中說得很清楚。他們交出勞力，是為了保護這個產業不受軍方人馬的無差別徵用。軍方的承包商會從薪水較優渥的茶園強占資產；反正工人也沒辦法做事，他們什麼都得不到。他們在一份高度機密的文件中表明他們的觀點是「必須不顧一切避免這個偉大產業遭逢屈辱的經驗、改變自身立場」；簡單來說就是他們得展現心甘情願、無私的動機，讓人以為他們是為了協助軍方而行動。

顯然，從一開始整個產業就打算透過戰爭大賺一筆。英國政府會為茶園短缺的人力付錢。他們填寫作物損失補償表格，但其實在危機爆發的一九四二年收成了四億七千萬磅茶葉，是史上最高的紀錄。他們把泡好的茶裝在手推車上並在軍營間兜售，總共賣出了兩千一百萬杯。到了一九四五年，收益增加了二〇〇%。多年來爭取賠償金的信函內容越來越激烈。死在血汗公路上的六千八百八十四名茶園工人，被說成是「微不足道」。其間也死了一名茶農。

戰爭結束後，功勳獎章發下去，有沒有人認真想過真正的贏家是誰？為什麼茶園工人和那加族、阿波爾族、卡西族、密西密族跟其他人胸前沒有亮晶晶的勳章？沒有他們的努力，那條公路與科希瑪之戰的後勤都無法完成，日軍肯定會踏上印度土地。

三年半間，面對日軍的威脅，茶葉產業還有其他事情要忙。一九四三年一月，政府規劃ＩＴＡ提出印度茶葉控制草案（Indian Tea Control Bill），這樣中央政府便能設置固定薪資的機制。這點遭到強力反對，ＩＴＡ說服政府將草案延期，並馬上請人來訪查，這意味著另一次訪查與另一篇報告。

緬甸邊境封鎖後，物價上漲、稻米短缺，留在茶園裡的工人日子不好過。他們可以多做點工來換取更多米糧，但薪水不可能調漲。在孟加拉蘇馬爾河谷（Surma Valley）的工人還能分到服裝津貼，但ＩＴＡ的阿薩姆分部拒絕提供這份福利。他們還對「不得要求工人停工抗議需提早四天通知」的規定提出抗議，即使沒有參與停工的工人他們也不贊同發薪。他們抗議強制組成工會、表示勞資糾紛法案（Trades Dispute Act）無法套用在茶園工人身上，並強烈要求「將茶園工人排除在法規之外」。

國防法案（Defence of India Act）對茶葉產業非常有用，因為它禁止在茶園或任何地方公開集會。公務人員瑞吉先生（Mr. Rege）遵從命令前往訪查，並在一九四四年的報告中揭露茶園的景況宛如圍城。「茶園工人無法聯合起來求助，茶農勢力無比強大。」他這樣寫著。一切如昔。

瑞吉發現他難以進行調查，因為ＩＴＡ說這樣的訪查會惹得工人不安。只有親屬能進入工寮，他們只准參加宗教和社交活動。茶農說茶園是私人產業，他們有權禁止外人出入。瑞吉說這導致了「一大群不識字的人離鄉背井，在阿薩姆各地過著與世隔絕的生活，像是一盤散沙且無法自保，而他們的雇主卻成立了全國最強大、最完備的協會」。

兩年一次的訪查人員「幾乎無法與工人私下談話，得有經理或是工頭在場……他們只能向經理收集必要資訊」。對於茶園拿免費住宿之類的福利來補償低薪的說詞，他感到嗤之以鼻。「工寮大多脆弱無比。砍竹片當牆壁、蓋上乾草屋頂……這些破屋要租出去恐怕收不到多少錢。」至於他們的免費醫療：「就像是對警察或士兵說藥物、醫生、醫院的支出是薪水的一部分。」

「他們的屋子是一貧如洗的寫照。」瑞吉描述著他好不容易親自踏入的幾間工寮。女人身上沒有飾品，代表他們完全存不到錢。ＩＴＡ說缺乏學校的理由是「顧及更希望孩子去工作的家長」。沒有福利活動，沒有退休金；牛隻在開放式水溝裡踩來踩去，使得生活用水「骯髒而危險」。所謂的醫院「令人不敢恭維」，只有幾張鐵架或木頭病床。瑞吉提交報告與諸多建議，但兩年後印度醫學協會的洛伊德・瓊斯上校（Colonel Lloyd Jones）發現狀況毫無改變。所有工人都嚴重貧血、死亡率極高，而且幾乎沒有人識字。

自利這隻「隱形之手」，在天差地遠的不平等狀況之下毫無用途。茶園經理作威作福，不識字的工人毫無招架之力。這些人遠離家鄉、缺乏組織，總是想著要是被解僱了就會身無分文。看來阿薩姆永遠不會改變。

第三部

體現

12 今日的茶葉產業

前面的章節，給了阿薩姆茶葉產業相當負面的形象。美國人類學家琵亞・查特吉（Piya Chatterjee）曾在杜阿爾斯（Dooars）居住並做了好幾季的研究[1]，她在近期著作中舉出更多一九九〇年代茶園工人景況的黑暗面，描寫一段段忽視、傲慢、粗暴的過去行為，以及直至今日仍然故我的忍氣吞聲。查特吉發現女工往往遭遇過度操勞、薪水永遠沒給足的狀況，有時還遭到性騷擾和欺凌。她在採茶季跟著她們到園裡，看她們得在早上六點的鈴聲響起後離家，還要替家人煮飯菜和小扁豆。採了幾個小時的茶後，上午十一點，她們扛著滿籮筐的茶葉走上兩英哩路到秤重站；「裝滿的籮筐把她們嬌小的身軀壓得直不起來」。採茶工人平均要扛五十四公斤茶葉，有些人甚至扛到一百公斤。

秤重完畢後她們稍做休息，又要回去工作四、五個小時。如此繁重的勞動只換得到三十二到四十盧比的日薪，大概是六十便士或一美元。如果是特別厲害的女工，巔峰時期可以賺到略超過兩倍的薪水。茶葉海報、包裝盒上掛著魅惑微笑的女子，與這些疲憊、經常懷有身孕且營養不足的婦女毫無相似之處。查特吉描述茶園的教育「雜亂無章」，文盲依舊是常態。孩子長到法定年齡馬上就受雇於茶農，經理像是打量馬匹一般檢查他們的牙齒，以推估年紀。這是一九九〇年的杜阿爾斯，跟鄰近的阿薩姆環境雷同。其他茶園或許環境更差、性騷擾更嚴重。據傳，在東非的某些茶園，新來的女工會遭到輪姦，因而染上愛滋病。

我們很少聽聞故事的另一面——茶農與他們協會的抗議，關於他們如何合理化龐大收益與茶園體系的那些事。若是自作聰明，忘記一八六八年後一百年間的全球局勢變化，那你可能會惹上麻煩。因此，聽聽我母親艾莉絲在一九六六年離開阿薩姆後的種種變化是非常重要的。在那之後，茶葉產業和阿薩姆出現什麼樣的改變？英國人對茶的癡迷，在印度人眼中又是什麼模樣？[2]

居住在英國的斯莫・達斯（Smo Das）描述他與茶葉產業相處的時光。[3]他在一九五一年生於孟買，一九七二年加入製茶產業。受過高等教育（杜恩公學）的新一代印度籍茶農漸漸取代英國人，他就是其中之一（在加爾各答當所謂的「高幹」）。一九七五年起，他到茶園擔任兩年的臨時經理助理。一九八一年他離開印度，到英國成為管理顧問。

達斯在一九七五年的阿薩姆當經理助理時，附近還留有少數英國經理，加爾各答也有資深的英國行政人員。管理階層依舊由英國人把持，達斯的經理本身也是英國人。一九七〇年代早期有過一陣貨幣貶值後的出走潮，不過有些人還是留下來多當了十年左右的經理。過往英國人的影響如鬼魂般隨處可見，大部分故事都從「以前如何如何」開始。究竟那是什麼樣的「鬼魂」？是古板無情的恐怖帝國，還是古怪的英國人？

比起殘暴的匈奴單于，古怪的英國人比例更高。大部分故事裡的角色已成為此地風景的一部分，這裡就是他們的家。等他們回到英國，往往過得悲慘無比。是的，他們奉獻了人生中最精華的歲月，跟我聊過的茶園員工確實對他們相當景仰。比如說我的老闆「瓊斯」，他在這裡種了三十年的茶。就算現在回到茶園，那邊大部分的人仍然感念過往的日子，欣然接受他們的管理。無論在加爾各答還是茶園，我認為英國人受到喜愛的主因是公平，誰都看得出來的公平。我們聽說也有壞傢伙偷東西、私售茶葉之類的，那些都是無賴。沒有什麼虐待工人的可怕故事，這倒滿有意思的。我能以印度人的身分肯定，處於老闆從英國人換成印度人這個轉換期的人們，十個裡面有九個寧願老闆是英國人，就連在有錢人家裡幫傭的人也一樣。現在我還是認識不少傭人，他們盡量避免進印度人家工作；他們認為英國人給的待遇更好，也能公平對待他們。

許多從英國人手中接下茶園的印度人被說是棕色皮膚的英國人，很多人也這樣批評我……我完全不覺得這是侮辱。他們是棕色皮膚的好朋友，或許真的繼承了那種嚴格卻公平的管理方式。是的。沒有多少可怕的遭遇。茶園裡做得不開心的人大多不是來自僑民地區，很奇怪。我很訝異，因為有些跑來種茶的人是為了某些理由想離開英國——罪犯、經濟移民之類的。那些人即使脾氣古怪，但喪盡天良、禽獸不如的人很少很少。我想不到有什麼故事，得花點時間多想想。英國人帶來領袖風範。留在那裡的人都很擅長他們正在做的事。

至於冷漠呢，達斯認定英國人確實與人疏遠。

雖然在我進茶園時這種狀況已經很少了。在茶葉產業裡，的確有很多對當地人不規矩的老闆，而且他們幾乎都對安安靜靜、不敢聲張的工人下手。我相信這之間存在著一種屏障——也許是他們的防禦機制——他們不會跨過那條界線。孩子都送去英國讀書，我猜是要確保他們不會被污染。當然，我在早年的加爾各答見識過。加爾各答游泳俱樂部一直到一九五〇年代中期才允許印度人加入，那時已換成共產派政府了。但在阿薩姆，種族區隔比較沒那麼明目張膽。

我相信階級跟種姓差不多。這裡存在嚴重的階級問題。只要你是來自某個特定的「階級」，不管膚色是棕色、綠色還是黃色，你跟英國人就更加接近；如果大家認為某一個人來自比較低等的階級，就算是英國人，大家也會瞧不起他。

中上階層間的區隔更明顯，比如說政府高層跟茶農，雙方之間的距離可能比兩個不同種族的中產階層還要遠。

我認為大部分來種茶的人都是為了賺錢養家，他們大部分都是經濟移民，跟現在完全相反。就我所知，英國沒有足夠的財富讓大家有工作，所以他們得到世界各地討生活……這種事情總是不斷上演。

英國人來這裡都是出自經濟因素，他們賺多少存多少……簡直是鐵公雞；我們看出一些跡象……說好聽一點是節儉，但可能有點吝嗇吧。也有人慷慨的不得了……到了這年代已經沒有人在打馬球了，雖然酒還是喝得很兇；他們努力工作、努力玩樂。進了茶園我才知道那裡有多辛苦。身為高幹，我們知道得很少——以前都只是去那裡的俱樂部玩一下，真的到了現場才知道這些人得拼命工作。

至於茶園經理的妻子，有幾位夫人的名聲響亮，但大部分的夫人還蠻……算是具有母性嗎？她們也盡力了，有的很難相處、有的比較好相處，像我夫人心腸就很好。看平屋裡的僕人就知道了，他們可以告訴你一切。我們會知道，是因為有個挑水的跑來幫我們工作，所以我們才知道在屋裡工作是什麼樣子。她對人也很好。所以我在那裡的回憶都是好事。我剛過去的時候還難蠻多英國人在管事，在我來英國前就慢慢改變了。

第二組訪談的日期是二〇〇一年十一月，當時我為了研究茶，短暫造訪阿薩姆和加爾各答。那座阿薩姆茶園裡有一千五百名常駐員工與五百名臨時工。

如果加上工人的家眷，總共有六千人住在七百棟屋子裡。茶園在十九世紀末建立。經理的「平屋」富麗堂皇，四周有受精心照料的寬廣庭園和網球場，而且從一樓露臺竟看不到半片茶園。工廠建於一九二六年，燒煤的烘乾機一路用到現在，製造商是不列顛尼亞。

茶園經理辛哈（Singha）夫婦聊起往昔。辛哈太太說：「每個人都不一樣。外人覺得我們住在大房子裡，總是高高在上。有些人確實表現的跟歐洲夫人一樣，處處與人保持距離。我遇過的一兩位人都很好，但對很多人都沒什麼印象了。她們都是溫柔熱心的女士。」她丈夫補充道：「如果時機恰當，她們會更加友善，給出很好的建議。現在不是那樣了。現在的人才不會給人建議，也不願意接受建議。」

「我跟那些老爺們有美好的回憶。很少人能擁有那樣的互動。」辛哈先生說。

人們往往懷抱錯誤的概念，評論從未見過面的人。我們住大房子、有僕人幫忙，但不代表我們遇不到一般人。英國茶農永遠沒空與其他人互動。他們能跟誰互動呢？非常有限。本地的行政高層都是英國人。

經營茶葉產業的印度人都有軍隊或封建背景，從小就見識過這樣的生活。茶農對人際關係的選擇，都是看對方的家庭背景、從事什麼運動等。玩得認真、工作也認真，盡情享受人生。當時的英國人皆是如此，也叫我們這麼做。

當時有許多麻煩事，這讓我們不時要面對慘況和怒氣，但能做的實在不多，只能抬頭挺胸面對。想自己胡來是行不通的個人動機，人們總是教你要忍受茶園的艱困生活。做茶的人不能太軟弱。老一輩這樣教我們，連他們的太太也不例外；對某些人來說，她們總是非常嚴厲、趾高氣揚，但不是這樣的。還在做茶的前輩，過去肯定有過很快樂的記憶。

一切講求公平。嚴格一點沒關係，但絕對不能有差別待遇。雖然沒有虐待，可工人們確實提到他們害怕英國人的某些作風，因為英國人總是當場給予懲罰——不會用連坐法波及其他人。當時的地方行政人員完全支持茶園，因為茶園管理措施都是以公平為準則。他們為自己的決定負責，做事的出發點永遠不能有半點偏頗；或許會犯錯，但並非出自惡意。事實上，當年工人與管理人員的互動比現在還要密切。今日年輕人與其工人不再像過往親密，因為我們知道工人心裡在想什麼：工作跟時間的壓力。以前兩個禮拜就可以去一次俱樂部、好好放鬆；由於沒有其他娛樂，所以剩餘時間只能跟工人膩在一起，當然能更瞭解他們。

我們也在加爾各答待了幾天，參觀一間茶葉拍賣公司，見識到他們是如何測試品質、賣出商品。我們與這間公司的資深行政人員古塔先生聊了不少，他在一九六三年進入阿薩姆的一間茶公司，一路待到一九九七年。他認為「英國人不需要感到羞愧。英國人很公平。他們鋪了路，他們鋪了鐵路。原本到處都是叢林。」

提到英國人的經營與行政能力，他說「他們是很優秀的行政人員。這裡原本什麼都沒有，是他們一步一步打造出來。」他認同「茶農確實對本地文化沒興趣」，並舉了一個例子，說某茶農的妻子想跟本地人學語言，但地位比她高的歐洲太太說這樣「不妥」。他認為，讓他們不敢與本地文化和人們扯上關係的壓力源自叛變。「在那之前大家混得很熟，之後就得要分開了。英國人真的跟人不太熱絡。」現在他偶爾還會去蘇格蘭探望「第一任茶農的太太跟第二任茶農的太太」，看來他與英國上司的關係相當融洽。

至於目前茶園經理的生活品質，眾所皆知，已大不如過往英國人。辛哈夫婦說：

經理的生活水準確實降低了，明明應該要上升才對。工人過得更好一些。俱樂部生活退步——有了電視之後，大家就不太互動了。外頭越來越危險，晚間出門要考慮再三。遊戲與娛樂都消失了。年輕人要顧小孩，家人之間的牽繫更強。小小孩到處跑，綁住了母親跟全家人。以前就跟英國殖民時代一樣，孩子直接送去念寄宿學校，現在風氣變了。每座茶園越來越孤立，人們變得拜金——想想未來，多存點錢什麼的吧。做茶的樂趣蕩然無存。以前大家都是及時行樂，心裡最在意的是週末要去哪裡玩……

現在工作壓力越來越大。茶農六〇％的時間忙著管理工人，紙本作業爆增（反反覆覆地填寫政府表格，之類的）。俱樂部活動也收斂不少，因為很多新來的茶農是本地人，他們有自己的社交圈；以前大家都是遠道而來，所以才需要俱樂部。

達斯先生補充經理工作步調急遽變化的某個特別原因：

三、四十年前剪枝剪得很徹底，基本上十到三月間沒有茶葉可採。我在七〇年代中期進入茶園時，有四分之三的茶樹用的是刮除法——就是少量剪枝，只修掉樹叢頂上的部分。某年我記得我們從聖誕夜休到一月中，然後馬上就要開工，只有兩個禮拜左右不用面對茶葉；以前的茶農真的過得很悠閒，休息整整六個月……大家跑去打獵釣魚，想做什麼就做什麼。工廠那邊更慘，他們用的機器不多，尖峰時期根本忙不過來，可能要一整個禮拜做個沒完，根本無法休息。

達斯先生如此描述他見識過的工人景況：

一九七五年那陣子的局勢變動很快。我可以分享當年在某間製茶公司的經驗。我不相信你能拿阿薩姆任何一間茶園員工跟英國城鎮居民相比，但總能跟茶園附近的人比較吧。阿薩姆人耕作他們的農地、靠著這片土地過活，政府有什麼理由供應他們醫療教育？這是很好的對照……

說到醫療，真的很棒。我說真的。頂尖的醫院有私人飛機，能在緊急時送人出去（我知道有些員工搭過）。而醫療照顧相對優秀，附近地區到現在還沒那麼先進。

學校也不差。以前有個很大的缺點是用經濟壓力逼小孩到園裡採茶，不過我認為現在稍微改進了。大部分家庭送孩子去工作而非上學的原因，是他們需要錢。有很多法規能保護工人；他們雖有工會，但有些棘手的事情無法立法列管，那些才是最重要的。

而公司無法拿來說嘴、我也沒辦法幫忙說好話的部分，就是住宿。茶園裡有一半的房子是用磚瓦蓋成，屋況再怎麼糟也至少還有結實的牆壁。另外一半是竹子乾草搭建的破屋，每年都要重新鋪一次屋頂，十分花錢，要是換成正常房子就能讓他們住得更好。水泥短缺，所有蓋房計畫的難關都在水泥，但為優先工又給欲擴建的工廠；換句話說，工人的房子沒辦法蓋好。如果要裝打水的幫浦（還只是手動的）根本弄不到零件，所以它們一直故障。他們努力想改善環境。人們開始關注工人的生活。

所以，這裡的住宿有好有壞、醫療很好、教育尚可，只是受到各種壓力影響（就像工業革命時期的英國）。至於薪水，因為都是集體協商制，平均薪資遠高於沒有組織的行業……阿薩姆的地主付的薪水比茶園工人低很多，他們的工人超想跑來茶園做事。

放貸人借錢給人辦婚禮或度過各種緊急狀況，還有人借錢買酒喝。我曾經把一個尼泊爾酒商趕出去。很多人欠了一大筆債，覺得自己沒救了。

整體環境雖然比鄰近地區好上太多，但你若看到那些屋子，會寧可在裡面養羊也不要以人類的身分住在裡面。可惜，印度大部分地區從以前到現在都是如此。

說到製茶公司漸漸轉移到印度人手中後茶園工人的景況，達斯先生認為：

應該是退步了。我認為英國公司比印度公司還要先進。老實說印度企業老闆並不是最優秀、最負責的企業公民。印度商人幾乎都是馬爾瓦里人，而馬爾瓦里人幾乎都對這種事不感興趣。他們只在乎錢。我認為在印度稱得上優良企業的只有塔塔集團，可惜他們的作風不是主流。印度的私人茶園真的狀況不佳：房子破爛、機件老舊、製茶效率低劣，而且老是惹上麻煩、不遵守很多事情。很不好。真的。

至於健康層面，他說：

我進茶園時已經沒有瘧疾了。到處都有灑藥。它被DDT解決了，也清掉積水、在平屋裝設空調。原本這是很可怕的災難，不過在我那時代已是過去式。酒癮才是最大的隱憂。很嚴重，可以看到數百名工人看完電影、去過酒館後醉醺醺地躺在路旁。他們喝的東西會要他們的命。聽說他們會喝這種東西，是因為熱量攝取不足，而他們需要能量。可是酒又沒有營養價值，所以他們才會瘦成那樣。他們真的很瘦——印度的每一個人都很瘦。他們要從早工作到晚。茶園工人裡面酗酒的比例，還比印度鄉間高出許多。

接著是工時跟工作狀況。

很多工作都是女性在做。她們比較擅長。大多是基於「tika」，也就是獎勵制度。薪水是看產出的成品量，而不是你拿了多少原料。大家都在白天工作。機器是採取兩組六小時輪班制，總共十二小時。採茶工人一天可以做十到十二小時，嘴巴閒著沒事都在聊八卦。

我印象中，厲害的採茶工人業績可以高達二十到三十公斤，但他們採的不是茶樹尖端的葉子或一心二葉。摘到那個程度才叫高手。很多人採了大量茶葉，把整條枝枒上的葉子都摘光了。這種粗糙的茶葉，可是比尖端嫩葉重上十幾二十倍。要是茶園沒好好控制、放任樹叢亂長（這在雨季很常見），那就會看到很多雜亂的細枝，你根本沒辦法摘到嫩葉。想賺錢的人就要努力，沒辦法吃苦的最後都跑去平屋當僕人了。

達斯先生在一九八一年離開印度，我問他離開後印度當地的狀況是持平、改進還是下滑，他這樣說：

我還是常常回來，也跟這裡的人保持聯繫。感覺阿薩姆在生活品質提升後，失去了它所有的美好要素。阿薩姆出現恐怖行動，茶園有不少人遭到綁架，那裡變得有點可怕。我不知道現在工人的待遇是變壞還是變好，只是我猜沒變太多。這事很難講，因為印度產生了新的中產階級，我不認為茶園工人能打進那個圈子。或許茶葉產業公司的職員可以吧。

辛哈夫婦也描述了茶園的教育現況：

教育問題很大，很多年輕人心懷不滿。地方政府接管了原本是公司經營的學校，輟學率很高，很多人讀到六、七年級就覺得很挫折，為茶葉產業管理帶來麻煩。他們認為在茶園工作太不符合他們的程度、低三下四的，並對此感到挫折——他們不想在茶園工作。我們希望工人受教育，是因為受過教育的工人能做得更好——讀到九、十年級的人都能理解。他們過得更好，壞習慣也改掉了。

我問起茶園內跟茶園外的薪水差多少……

或許他們領的薪水比外面的人低一些，但他們享受的公共設施跟特權是完全不能比的。他們有免費的住處和醫療，也有基本的衣服能穿。食物跟免費沒什麼兩樣，半盧比就能買到一公斤的白米或麥子——這跟一九五二年的價格有得比。有個公積金計畫，工人只要付出日薪的一二%，就能有退休金、資遣費和保險。他的未來充滿保障。等到他退休或離職，我們不用從外面找人來遞補；依照慣例，他的家人會是第一順位，讓這個職位保留在同一個家庭裡。

男女的薪水完全一樣，只是派給女工的工作量比較少。國際上關切的童工問題根本不存在。我們不會僱用兒童，都是從十五歲開始；十五到十八歲的是青少年工人，薪水跟大人相同，不過工作時數僅五小時而非八小時。如果是以工作量計算，他們只需要做到一半。

大家一個禮拜工作六天，還有年假——每十四個工作天，就能累積一天年假。至於慶典跟假日，我只能說非常多。基本上，一年有三百到三百零二天的工作日，還有十二天的有薪假。

某些工作是看整體工作量，像是採茶之類的，底限是二十一公斤綠色茶葉，只要做到這個門檻就能領全薪。若是有多採，每公斤能拿到二十七派薩的酬勞。有三個月的全薪產假，有託育服務，這些都不用錢。

看病拿藥百分之百免費；如果能在茶園這邊治好的病痛，這裡有五十二張病床的醫院，也能動小手術。要是超出此地醫療人員的能力範圍，就交給公立醫院；所有治療費用、支票什麼的，公司會全額支付。不只是工人，受他扶養的人（比方還沒唸完書的小孩）也涵蓋在內。

目前成人的日薪是四十三盧比（大約七十便士或一美元），而青少年工人少拿十七帕薩。

很多事情確實有改善。我進入茶葉產業時，有十歲、十一歲的小孩在茶園裡工作，現在就沒有了。如今你在茶園裡找不到十五歲以下的工人。有哪個已發展國家以前沒用過童工嗎？就算是美國，現在還是有小孩送報紙打工。母親可以帶十四、十五歲的女兒來幫忙，替她的採茶工作添一點業績——我們並不鼓勵，但也沒有禁止。稍微賺點小錢，這不算是童工。

早期的工人沒被鎖鏈綁住，都是簽了約來到這裡，不過確實他們也沒辦法離開。現在沒有合約了，他們都接受終生僱用。一九五二年的產業法案（Industrial Act）上有許多法條規則，他們受到的保護比雇主還多。

我們不會從印度其他地方找工人過來。這裡的工人已經夠多了，還有人想出國找工作呢。我手下有一千五百名正職工人，旺季再多找五百個臨時工。這當中大約有五百人住在茶園，並且到別處工作。我們不介意。

茶園裡的工作比外頭村子好太多了。管理階層必須依照茶園管理法案提供很多福利。政府沒有做好該為所有人做到的事，可是茶園做到了……

比如說我們的供水。外頭村子裡還在喝沒有加蓋的井水。我們有過濾廠，能將水過濾、加氯之類的事，再透過水管送過來。或許不是每戶人家都有水龍頭，但每八到十棟房子會有一個共用水龍頭。他們有洗澡間，有衛生的廁所。很難判斷他們有沒有妥善使用這一切——我們盡力了。政府在茶園裡設置的小學校原本沒廁所，都是我們提供的。對我們來說，工人越健康越好，我們花了不少錢照料他們。

這裡最常見的疾病基本上是輕微的腸胃病，以及季節轉換時的病毒性發燒流行。沒有瘧疾，每六個月會噴灑一次化學藥劑。針對一般疾病的疫苗強制接種率達到一〇〇％。

茶園裡沒有人營養不良，因為我們會給餐飲津貼。他們自己有地種菜，也有養牲口。他們一個禮拜吃三次肉。他們養了羊跟豬。他們不太喜歡牛奶，養牛都是用來耕地跟施肥，所以嬰兒的死亡率是全國平均的一半。如果你需要的話，這些數據都可以取得。

辛哈太太提到女性的生活。

女人更加投入工作、賺得更多。這裡的薪資男女平等，也有合理的產假。大部分的茶園都有好醫生。至於女孩的教育狀況，她們成績比男生好，輟學率也比較低。雖然法定結婚年齡是十八歲，但女孩的平均結婚年齡是十六到十八歲。

我們有醫療站、避孕措施、家庭計畫，出生率絕對低於全國平均值。這對我們有好處：人口少一點，運作起來會更順利。以前工人都是大家庭；如今，預期壽命隨著生活水準上升，工人發現小家庭比較理想、人少一點的話可以過得更好。我們一直都有紀錄工人家庭的人數，今天每家平均有三、四個小孩。如果工人有讀到八、九年級，他們不會生超過三個孩子，雖說大家還是偏好男孩。他們意識到家裡只有一個孩子能在茶園工作，而且未來茶園也不會變多。

辛哈先生下了如此結論：「我的茶園裡，幾乎每戶都有電。他們裝了電視，知道外頭正在發生什麼。電視劇很熱門。現在的工人更清楚自己的權益，完全騙不得，而且有工會在。工人不再只是乖乖聽話；他們識字，也會跟老闆爭執。」

他才剛解決長達十三天的勞資糾紛，事由是不得減少年度獎金。在處理過程中，他們把他困住幾個小時。他有人保護，某些經理請了保鏢。但他最後還是拒絕了這個提案，因為支出跟他的年薪一樣，大概要花掉五千英鎊。

辛哈夫婦承認茶葉產業非常保守。

這裡維持許多傳統。老舊的機器一直沒換。工作的標準……我們對於引進新東西相當保守。曾經這裡從印度理工學院請來最聰明的人員；在我進這一行的時候，那些人總是待不滿兩年，因為他們的聰明才智一直派不上用場。經理沒學過那些東西，完全無法理解他們。

就是因為我們沒改變太多，才能留住茶的魅力與美。南印的某間工廠完全電腦化，但這沒辦法做出頂尖好茶——日本也是這樣。我們要的是緩慢的改變。老機器做得很好，只要稍微改良一下就好。說穿了，茶是食品，不能只靠機器製作。人的手藝才是精髓。

改善製茶效率是如此困難，因此阿薩姆茶葉產業的變革才會如此緩慢。一直都做得好好的，幹麼要改？有些人主張現況已經很理想了——至少有那些厲害的機器幫忙。達斯先生彙整了整體情勢（他替世界各地的客戶做管理顧問，見多識廣），從全球的角度來看，茶葉產業的組織相當健全。

世界上某些區域，像是加爾各答和阿薩姆，對茶的依賴性極大，有成千上萬的人民生計都靠茶葉支撐。我認為要更重視茶葉產業，原因是：印度理論上是稻米大國，但是單位田地的產量卻排在世界第五十二名，反倒是茶遙遙領先其他國家。我覺得這是很大的吸引力。我認為這是結合了公司、股東和專業知識的影響。從整體的收益來看，茶葉產業的產值更高。

我相信只要瞭解如何創造財富，就不用擔心要如何運用。賺了錢，你就可以提升大家的生活水準。沒錢什麼都做不了。有效率的企業才能僱用大量工人，為印度帶來現在的榮景。我相信要不是有英國跟茶園形式的茶葉產業，我們會像土耳其之類的地方，到處都是小小的製茶工房——太可怕了。光是拿土耳其跟印度來比，可以看出該怎麼做、不該怎麼做。我去過土耳其——為的是拿當地的茶葉樣本回來。有個掮客跟我說這種東西賣不出去，說這感覺像一般民眾在自家後院種好玩的產物，至少以前是這樣。

私人企業規劃良好。人人掛在嘴邊罵的資本主義讓大家有工作；反過來說，若要走社會主義的共產路線，我保證一半的人會失業，醫療水準也將一落千丈。我得說，經歷了好幾種運作模式，這招才真正管用。今日的印度擺脫了類似集體農場的思維。

然而，這還是無法將勞工環境進步緩慢給正當化。亞當．史密斯提出的良性資本主義模型認為，供需這隻「看不見的手」會讓只期待分紅的工人無心工作。達斯先生也強烈支持這個論點。或許英國人講求公平與效率，可是馬爾瓦里的成功者，他們幾乎都是拼了命地在賺錢——正如前面章節舉出的證據，沒有多少人拼得過他們，所以他才會有如此嚴厲的評判。

> 這是我對英國茶葉產業的結論。我認為，英國在印度的作為就像很有效率的機器，並把金錢運回國內。有個英國人跟我說，英國在一九〇〇年有四分之一的收入來自印度，這麼說你或許能懂吧。
>
> 我們應該記得，一八七〇到一九七〇年間的收益高到不可思議。有些收益的來源

讓人臉紅。公司能在一年內賺到資本額的兩倍半是家常便飯。沒錯，還要考慮到稅金之類的，但茶葉真的是搖錢樹——現在依然如此。就我對茶葉產業的認識，就算他們「業績下滑」，還是比我遇過的產業好過許多。

如果拿茶葉公司老闆多年累積的龐大獲益跟他們回饋的資源相比，會聽到很多讓人觀感不佳的故事，我認為對此提出挑戰是好事。但許多產業也可能有同樣的狀況。

相對於英國人優渥的生活、所掌握的利益，工人貧困悲慘的處境是十九世紀最卑劣的差距。到了二十世紀的最後二十五年，經歷了一連串政治事件，這個差距才真正開始縮小。

一九七九年四月，幾個年輕人在阿洪姆王國的皇宮廢墟密會，商討解放阿薩姆的計畫，希望能讓此地自然資源帶來的利益為阿薩姆人民所用。阿薩姆河谷周圍山區在一九四〇年代發生過分離主義運動，但是要到一九八〇年代，這股對於阿薩姆獨立的渴望才爆發成激烈的分離主義抗爭。[4]

阿薩姆聯合解放陣線（United Liberation Front of Assam，簡稱ＵＦＬＡ）「實質上廢除行政體系，經營起另一個並行存在的政府」。百年來的剝削爆發成武裝叛變，隨之而來的恐嚇、勒索、偷盜不只打著愛國的名號，也標榜要奪回長久以來遭否認的國家權益。

他們很快就與其他叛變團體搭上線——阿富汗聖戰者和巴基斯坦情報局。巴基斯坦一直都是那加族和欽族獨立運動的金主，現在ＵＦＬＡ領導人深入那個區域，接受密集的戰術、反情搜、槍械訓練。西北邊境省的達拉（Darrah），是全世界最大的槍械市場。

巴基斯坦情報局在背後推波助瀾，建議他們在阿薩姆發動大規模行動（不僅干擾通訊，也在油田之類的經濟目標放置炸彈、製造混亂），如此一來便能喚醒整個國家。ＵＦＬＡ的領導階層比較謹慎，他們知道有多少人靠政府工作；這些人依賴他們不支持的政府，即使年年鬧洪水、承諾跳票、失業率上升，政府還是不當一回事。起先ＵＦＬＡ像羅賓漢一般搶劫銀行與有錢人，並拿這筆錢去鋪路、蓋堤防。

他們是中產階級的阿薩姆人，對暴力感到不安，但還是想要跟以往那加獨立鬥士一樣的訓練和武器，於是他們找上克欽族。分布在緬甸邊境的克欽族，與他們腐敗的政府打了好長一段時間的游擊戰。他們樂於幫忙，只是需要一點代價：拿六萬美金來換武器和訓練。

從訓練營回到阿薩姆的年輕人更加堅毅，也更有信心。接下來的四年，阿薩姆任憑他們擺布。他們四處劫掠、勒索、威脅，而後資金湧入，讓他們膽子變大、心腸變狠，連綁架和謀殺都毫不手軟。

即使一旦落網，帶頭的就會遭到處決，假冒ＵＦＬＡ名義犯案的黑幫層出不窮。茶園只能付出一筆又一筆的贖金，大多超過五萬盧比。一九九〇年，ＵＦＬＡ如日中天，連警方都受制於他們，恐懼氣氛瀰漫全境。貧農對他們村莊附近的叛軍營地「一無所知」——他們不是目標。政府機關無力應對。

一九九〇年五月，ＵＦＬＡ找來四間大型茶葉公司的高層，在某位經理的漂亮平屋裡開會。茶業總發言人說可以捐出一百片茶園，改造成葵花籽農場。「謝謝，不用了，我們要三百萬盧比。」ＵＦＬＡ這麼說。有的公司乖乖付錢，但跨國大企業聯合利華拒絕了，於是又觸發了一連串的事件，讓反叛勢力垮臺，終結了阿薩姆獨立的夢想。

聯合利華聯絡在倫敦的印度駐英高級專員公署，頒布了動盪區域法案（Disturbed Areas Act）。一九九〇年十一月七日，一架波音七三七將資深企業高層與他們的家庭運離阿薩姆，隔天命令阿賈・辛將軍（General Ajar Singh）平亂。他籌劃了印度非戰時規模最大的軍事行動，在十天內徵召三萬士兵。

十一月二十八日清晨四點，重裝部隊搭乘裝甲車從軍營裡湧出，並以直昇機投下傘兵。軍方宣告ＵＦＬＡ是恐怖組織，其成員依叛國罪判處死刑。

印度軍方踏過阿薩姆的泥地與叢林，想必不是愉快的行軍過程。事後人權團體揭露他們的行徑，據說包含強暴與刑求。經歷持續數年的漫長對抗，ＵＦＬＡ徹底瓦解，留下一個個埋葬大批屍體的墳塚，顯示他們的行為也是惹人非議。但他們沒有傷害村民。如今，村民依舊害怕軍隊拂曉出擊、激烈的訊問，最後被丟上車運到不知名的所在。

一九九二年，德里的政府高層開了幾次會，將這一連串的事件劃下句點。儘管阿薩姆並未獲得獨立，茶園的勞工環境總算有了改變；至少在政治上，工人有辦法與公司抗衡。「現在大大小小的茶葉公司互相競爭，為工人和鄰近村莊設立學校、平坦的道路和醫療機構，也替有前途的運動員開設訓練中心，特別是足球。」身兼記者與電影製作人的桑喬・哈薩里卡（Sanjoy Hazarika）在《霧裡的陌生人》（*Strangers of the Mist*）一書中如此寫道。「但這些建設往往是透過槍口、恐嚇信或威脅電話誕生的。」[5] 請注意「往往」這個詞。印度的經濟與社會慢慢轉變，顯然保守的茶葉產業也跟著走上進步之路。一九九〇年代印度的經濟進步，加上對政府的反彈突然爆發，茶園工人的景況也在二十世紀的最後十五年大幅改進。

整個阿薩姆區域的命運與茶園工人雷同，只是影響階層更高一些。它曾受到無情的剝削；儘管擁有豐沛資源，收到的報酬卻是微乎其微。十九世紀茶葉出口的獲益，幾乎都流向加爾各答和英國。石油開採讓此地更加富有，但偏遠區域幾乎得不到好處。茶葉和石油的出口、運用收益，這些都被中央政府收走。現在的阿薩姆仍舊是極度落後貧困的邦，識字率與能源自給率都低於全國平均。這裡的主要作物還是稻米，運輸系統與基礎建設粗劣。6

茶是許多國家的經濟作物。包括印度在內的國家應該要規劃政策，確保茶葉帶來的利益跟石油和天然氣一樣，能更公平地回饋到阿薩姆人民身上。極端行動與杯葛將危害成千上萬窮人的生計。讓利益回歸給農產品製造者的公平交易必須仔細檢視，生產環境亦然，正如可可豆、咖啡、橡膠、棉花、砂糖等熱帶作物。如此一來，茶葉的莫大利益與喝茶者的喜悅，才能更進一步回饋到茶園工人身上。綠金帶來的財富原本流向別處，應當要擷取一部分來幫助阿薩姆的人民。

艾莉絲．麥法蘭在喀拉拉邦的塔塔茶業目睹的良好狀況可以當成榜樣，也證明全印度和其他產茶國家的茶園，都能達到這個標準。

13 身體與心靈

說來真是奇怪，我們的心智竟受消化器官主宰。除非獲得腸胃的許可，不然我們無法工作也無法思考。它控制我們的情緒、我們的激情。吃完培根加蛋，它會說：「給我工作！」牛排跟波特啤酒下肚後，它會說：「給我睡覺！」喝完一杯茶（每杯加兩茶匙茶葉，別泡超過三分鐘），它對我們的大腦說：「起來，讓大家見識你的能耐！你要辯才無礙，深沉而溫和。你要以清澈的雙眼看清自然、看清人生。你要展開思維的雪白雙翼升空翱翔，讓靈魂猶如上帝；世界在你腳下迴旋，飛過一排排明星，抵達永恆之門。」

——傑洛姆．K．傑洛姆（Jerome K. Jerome），《三人同舟》（*Three Men in a Boat*）

茶的不凡之處在於：它蘊藏著地球上最重要、最強大的醫療物質。茶葉有五百種化學物質，能從許多層面改變人類身心。世界上超過半數的人類都在喝茶，它的影響範圍極廣。關於喝茶對人類大腦與身體的影響，十九世紀前的亞洲人和歐洲人便已分析出大半；我們能從一八七〇年代起的許多文書資料中，找到認真詳細的紀錄。

十九世紀觀察中國與日本文化的西方人，應都見識過茶的養生功效。對於茶在中國文化扮演的角色，美國漢學家衛三畏對此瞭解甚深；他在中國當了四十三年的老師，之後回耶魯大學執教。在他的著作《中國總論》（*The Middle Kingdom*）中，他推測出讓茶既迷人又對健康有益的成分，特別以比對法將茶和其他非酒精提神飲料並列。「根據化學分析，我們得知茶、咖啡、瑪黛茶、可可、瓜拿納（Guarana）、可樂的四到五種成分裡，有三種普遍存在於所有這些飲料中。想必它們的益處來自於這些成分。」其中一個是帶給茶獨特風味的「揮發油」。他將第二種成分稱為茶素，也就是現在的咖啡因，並認為這是「帶給人體益處的主要成分」。

將磨碎的茶葉放在錶面皿上，拿紙張覆蓋，再放上高溫鐵盤，會看到白色氣體徐徐冒出，在紙張上凝結成無色結晶。它們在不同茶葉的比例各異，綠茶是一．一五到五或六％。茶素沒有氣味，嚐起來略苦，因此吸引我們喝茶的不是這個成分。然而化學家告訴我們，茶葉裡含有將近三〇％的氮。咖啡跟可可裡的鹽分也蘊含不少氮，有清除體內污染物的功能，也能降低對固體食物需求、以較少份量的食物維持身心精力，同時減少身體的耗損和心理倦怠。或許茶的激勵功效較其他飲料溫和，但它還有許多好處，像是幫助老人補充衰弱的消化力、支持體力，讓他們的身體維持更長久的健康狀態。

他以西方人的角度評論道：「難怪茶能成為生活必備品。上了年紀、買不起肉的窮人也會想辦法泡一壺茶，深知喝茶能讓他們更輕盈快樂、幹活更有勁，也更能享受生活。」衛三畏認為這些人下意識的行為，正呼應著「喝下這杯茶，你的動物本能將能活躍又清晰」這句幾百年前的哲人名言。

他如此描述我們現在認知的酚類：

第三種物質在茶裡的含量高於其他飲料，也是南亞人民經常咀嚼的檳榔和檳榔膏中的重要成分——單寧，或說單寧酸。它讓茶葉和茶水帶有澀味。在完全烘乾的紅茶裡，單寧的比例是一七%，綠茶更高，特別是日本茶葉。單寧的功效還不如揮發油跟茶素那樣明瞭，但是強斯頓（Johnston）認為它讓茶能夠提神、帶來滿足感，並有輕微的麻醉性。[1]

在鄰近的日本，有人得到新的發現。十九世紀的最後三十年間，學者愛德華・摩斯提到：「數百年來，日本人接雨水來灌溉農園稻田。他們清楚意識到喝生水的危險。」[2]他這樣評論：「日本人從經驗中學到，要喝就喝煮滾過的水或茶。」[3]這個認知或許能解釋：就算弄不到茶葉，他們還是會把水煮滾。

十九世紀末霍亂疫情燒到日本時，茶對健康的好處更被突顯出來。「霍亂十分猖狂……一口生水都不喝。茶、茶、茶，早上喝茶、中午喝茶、晚上喝茶，不管什麼場合都喝茶。」[4]愛德溫・阿諾爵士在一八九〇年代霍亂疫情爆發時如此寫道：「我得說，持續不斷的喝茶習慣幫助日本人度過這樣的時疫。他們口渴就找茶壺，煮過的水不會受到鄰近井水危害。」他才剛去過印度，那裡除了某些小圈子外，都還沒有喝茶的習慣。十九世紀初的中國已經注意到喝茶與霍亂的關係，廣東的一間法國工廠「直到法國人認定茶是霍亂的特效藥，才重新開始營運……」[5]

美國農業局的重要人士富蘭克林・希拉姆・金（Franklin Hiram King）[6] 指出在二十世紀初期的中國與日本，人口密集度和煮滾水的習慣之間的關聯：「在這些國家，喝煮沸過的水是常識，每個人都做得到，而且能有效避免許多致命病菌。人口密集的國家不能不顧飲水問題。」他相信「煮滾的水，像是茶，是人人皆能喝的飲料，難怪這會是對付傷寒等疾病的招數」。[7]

金寫下這段文字是為了影響美國的政策。他認為美洲跟歐洲在這方面最好效法日本和中國，畢竟安全的水源實在難尋。「從目前採取的最妥善衛生措施來看，再思考人口增加後這些措施將變得多困難，會發現這些先進作法的效率到最後肯定會失敗。」他認為「無論是擁擠的鄉間還是大城市，都絕對不能錯過中國和日本普遍將飲用水煮沸的作法，但我們的衛生工程師卻只忙著以城市建設來對付這個最重要的問題……」[8]

茶與上述多種疾病的關聯大多是基於觀察與聯想。在漫長的歷史中，我們無法測試其真偽，畢竟要到高倍數顯微鏡發明後，才能真正看見微生物與其他病原體。因此十九世紀後半，在柯霍（Koch）[9]跟巴斯德的年代之後，才有機會驗證茶可能以何種方式影響健康。先進的實驗技術與細菌的發現，展開了新的可能性。

一九一一年，茶的核心成分單寧酸（也就是現在知道的酚類）「正式列入英國和美國的藥典」，運用在諸多醫藥用品上。它的醫療價值如下：

> 塗在開放性傷口上時……它能形成保護膜。它更對組織有收斂功能，阻止體液繼續流出。直接接觸出血處能夠止血……單寧酸在腸道裡可以控制腸壁出血，它是強大的收斂劑，造成便秘；因此建議拿它來止瀉。單寧酸廣泛用於多種潰瘍、膿瘡、體液過度分泌的治療。[10]

可以從烏克斯的《茶飲世紀踏查》一書的概要裡看見一九三〇年代的研究進展。上頭仔細列出茶的化學成分和藥理能用來治療什麼疾病，但是關於它對健康可能的助益資訊，卻是意外地少。在健康方面，他寫到美國陸軍軍醫J．G．麥紐特少校（Major J. G. McNaught）曾報告：「分離出來的傷寒桿菌，接觸茶四小時後數量大減。經過二十個小時，完全無法在茶水中增生。」[11]這是第一個茶中酚類抗菌能力的實驗證據。除此之外，烏克斯只提到少數營養價值。他注意到一則一九二七年的日本茶廣告，其標榜日本綠茶含有大量維他命C[12]。這或許立基於兩名日本化學家在一九二四年的研究：當時他們宣稱在大量綠茶中找到水溶性維他命C這種抗壞血病物質，但紅茶裡完全沒有這些東西。他也提到一九二二年未經驗證的研究，顯示茶含有水溶性維他命B，這種維他命可以預防腳氣病。不過，當時茶裡有關酚類的運作機轉與特性，基本上沒人能解釋。[13]

烏克斯更感興趣的是咖啡因，他深信這是茶主要的魅力來源。「咖啡因是強大的生物鹼，對人體來說是刺激物。茶與咖啡廣為人飲用，就是因為裡頭蘊含的咖啡因。」烏克斯探討咖啡因對心臟的作用，他的書裡引用了許多咖啡因對人體運作效應的文獻。[14]這點相當重要，他的部分觀察結果很值得引用。

首先是茶如何讓人體運作更有效率，以及能提高到什麼程度。

咖啡因是脊椎反射中心的刺激物；它讓肌肉收縮更加有力，又不會產生次發性憂鬱症，因此攝取咖啡因的人能發揮更大的肌力。我忍不住要特別提到這個結論，因為它說明了為何許多人喝了茶或咖啡後表現更佳。15

還有……

許多大學的運動訓練員在網球、球類、划船比賽前習慣喝點濃茶。大家都知道，瑞士阿爾卑斯山脈的嚮導隨身攜帶熱茶，並在登山時督促大家多喝。俄羅斯人茶喝得比任何國家都還要兇，他們提供大量的茶水給要做體力活的人……16

接著是心理上的效益。

半公升的慕尼黑啤酒包含十五克酒精，能帶來二十分鐘的精神激勵作用；但接著是一段明顯的抑鬱期，至少持續四十分鐘。一杯茶可以讓心智表現提高一〇％，並持續四十五分鐘；在那之後受試者便恢復常態，不會出現像酒精刺激的負面反應。17

一九二三年的《英國藥典》（*British Pharmaceutical Codex*）裡，有關咖啡因效應的說明中，描述了茶是如何強健身心：

在中樞神經系統的作用，主要是針對與生理機制相連的腦部區塊。它製造清醒狀態、增強心智活動力，也讓感官訊號的解讀更完美正確，思緒更清晰敏捷……咖啡因提高各種肢體動作的表現，增加肌肉能力。[18]

早期研究顯示，接受穩定性、協調能力、打字、辨色和計算等測試的受試者，在攝取咖啡因後成績明顯提升。[19] 一九九〇年代末期的測試驗證了這些實驗結果，而專注力、區辨力、記憶力、行動力等都會因喝茶而大幅提升。這些也可以從咖啡因增進思考力、學習力、「正向情緒」的效應中看出關聯。[20]

第二次世界大戰後，有一陣子研究焦點轉移到其他目標上，比如說以盤尼西林為首的「萬靈藥」，還有西方對第三世界疾病（傷寒、霍亂、痢疾等）的興趣退燒，以致於資金轉為投向新的熱門議題。然而就算到了一九七五年，喬弗瑞．史塔格（Geoffrey Stagg）與大衛・米林（David Millin）還是能透過重要研究，顯示出茶可能的效應究竟有多廣泛。在文章結尾，兩位作者將研究結果做了總結，列出一長串疾病或是身體狀況，它們都與茶的有效成分和運作機制有關：貧血；齲齒；過度緊張與抑鬱；動脈粥狀硬化；狹心症和心肌梗塞；某些類型的肝腎發炎；壞血病與其他缺乏維他命 C 導致的疾病；放射線傷害，防止白血病；細菌感染（特別是傷寒、副傷寒、霍亂、痢疾）；毒性甲狀腺腫、甲狀腺亢進；支氣管哮喘；痛風、嘔吐、下痢；消化不良與其他胃部疾患；老年性紫斑、發炎、出血性疾病。他們揭露多酚、維他命、咖啡因常常一起作用，能改善上述病症。[21]

接著，到了一九八〇年代，人們漸漸意識到西藥的效力迅速減弱，同時也希望對付日漸嚴重的高齡者疾病（癌症、中風、心臟病），研究目標轉移到第三世界的許多草藥和植物療法，茶就是其中之一。西方實驗室裡研究的大多是「西方工業化」疾病，很少有人注意到俄羅斯、日本、印度等地針對茶在營養價值與流行病學層面的研究。

日本一直都是這個領域的先鋒。他們認為，喝茶可以大幅降低皮膚、消化道、結腸、肺、肝或胰臟等多種癌症的發生率，也可抑制癌細胞擴散。[22] 茶能降低膽固醇、降低血壓、強化血管，讓中風與心臟病的風險隨之下降。此外，喝茶能降低血脂，幫助控制肥胖問題與糖尿病。在電子顯微鏡下可以看到茶水殺死流感病毒；還有許多存在於水和食物中的有害細菌（像是造成霍亂、傷寒、副傷寒的那些，或引發的痢疾的阿米巴原蟲、桿菌），它們都能被茶裡的化學物質摧毀。近代研究漸漸解開背後原因，像是分離出抑制癌細胞複製的化學成分「兒茶素」（catechin）。

許多的研究項目先在實驗室裡做出結果，接著登上科學期刊。大約在這個時期，越來越多報導提到紅酒、巧克力、茶蘊含的多種單寧對健康或許頗有幫助。以下是幾個一九九五年起登上英國媒體版面的例子。

一九九五年一月二十四日《獨立報》以〈最新研究指出，茶有防止疾病的可能性〉為題，艾利克斯・莫雷（Alex Molloy）匯集了不同研究結果。「荷蘭近期研究顯示，規律喝茶者的心臟病死亡率比不喝茶的人低了五成。挪威研究指出，喝茶量高於平均的人，包括冠狀動脈疾病在內的多種疾病死亡率都比較低。」此外，「透過茶能獲得將近一半每日攝取量的錳，這是維持關節健康的必須礦物質。富含氟化物的茶能幫助預防蛀牙」。還不只這樣，

「紐澤西州的羅格斯大學與美國健康基金會認為，喝茶與降低肺癌、結腸癌、皮膚癌的罹患率有關」。

一九九五年五月十七日，《獨立報》的醫藥版編輯西莉亞．哈爾（Celia Hall）以〈綠茶降低癌症風險〉的標題報導一篇《英國醫療期刊》（*British Medical Journal*）上的論文。她寫道：「日本研究人員表示，綠茶能減少心臟和肝臟疾病，甚至是癌症。他們發現茶喝得越多，就越能降低風險。」這份研究以東京附近的吉見町居民作為受試者。

《泰晤士報》的科學版編輯尼格爾．霍克斯（Nigel Hawkes）在一九九六年四月二十日寫道：「荷蘭研究指出，喝茶能減少中風罹患率。在長達十五年、蒐羅超過五百五十人的調查中發現，喝最多茶的人罹患中風的風險，比喝最少茶的人少了三分之二。」他評論道：「早期研究顯示，黃酮類化合物能降低心臟病風險，也首度發現茶能防治中風。」

一九九七年一月十二日的《星期日泰晤士報》上有一小篇報導，內容是「根據澳洲聯邦科學與工業研究組織（CSIRO）上週的公開報告，喝茶或許能抑制皮膚癌。跟只喝水的老鼠相比，喝紅茶的老鼠罹患癌症和皮膚病變的比例少了五四％，喝綠茶的老鼠罹患癌症的比例明顯較低」。

《每日電訊報》的亞利克．馬許（Alec Marsh）在一九九九年一月三日以〈茶——真正讓人腦力大增的飲料〉為題寫出以下報導：「研究指出，喝杯茶能增進專注力與學習能力。這對一心二用的人特別有益，也能讓接連做好幾件事的人更加專心。」某個有趣的層面是：「這與咖啡因無關，因為喝茶之人的表現，比只喝咖啡因飲料的人還要好。」實驗要求志願者，從每半秒閃過螢幕的一長串字母中挑出指定目標。「喝完兩杯無糖茶再來受試的人，成果遠遠超越什麼都沒喝的人。」

雀莉．諾頓（Cherry Norton）在二〇〇〇年九月二十一日的《獨立報》以〈你需要的是一杯好茶〉為題報導茶擁有真正的益處，比方說「降低四四％罹患心臟病的風險，以及減少胰臟癌、攝護腺癌、胃癌和肺癌的罹患率。科學家認為，這些益處源自多種維他命、礦物質和抗氧化劑，能平衡營養攝取、幫助抗老化」。此外，喝大量的茶「可以增加水分攝取、改善體質，減少因水分不足造成的便秘與膀胱炎」。

報告同時提到茶葉中含有許多重要維他命，像是維他命 A 與維他命 B1、B2、B6。它也「富含鉀與錳。鉀有助於維持正常的心跳頻率，讓神經與肌肉運作順利，控制細胞內的含水量。錳是骨骼生長與身體發育的必要營養素，喝五、六杯茶就能獲得四五％的每日應攝取量」。

她提及日本研究，「每天喝超過十杯綠茶的日本人罹患肺癌、肝癌、結腸癌、胃癌的風險較低」。一項中國研究發現「紅茶與綠茶都能抑制肺部腫瘤與結腸癌的生長，降低消化道癌症的罹患機會」。此外，「大量研究證明，茶具備降膽固醇和血壓的功能，減少心臟病的風險」。

二〇〇一年五月二十二日一則刊登在《獨立報》的報告這樣寫著：「如果用紅茶在十五分鐘內漱口五次，各持續三十秒，牙菌斑內的細菌就會停止滋生。」約翰．馮拉杜維茲（John von Radowitz）在二〇〇一年七月二十三日的《獨立報》上報告一項美國研究，其顯示「喝茶能增進動脈血管壁的健康，抵禦心臟病……這個發現呼應了過去的研究結果，也就是茶成分中名為黃酮類化合物的抗氧化劑，或許能阻止膽固醇傷害動脈」。

《獨立報》的洛娜・達克沃茲（Lorna Duckworth）在二〇〇二年四月九日，以一篇〈喝茶的人「症風險較低」〉，描述美國與上海癌症研究機構的計畫，他們從一九八六年開始監測一萬八千兩百四十四人的癌症跡象。研究人員挑出一百九十名胃癌患者、四十二名食道癌患者，以及七百七十二名未罹癌者進行比較。從結果可以看出，尿液樣本中的「表沒食子兒茶素沒食子酸酯」（EGGG）與罹癌風險高低有關，而這個物質也存在於茶裡。這項研究的結論是「喝茶者罹患胃癌與食道癌的機率，比一般不怎麼喝茶的人少了一半」。

莎拉・卡西迪（Sarah Cassidy）在二〇〇二年五月七日的《獨立報》以〈喝茶提升心臟病患者的生存率〉這篇文章報告一項登上《美國公共衛生期刊》（*American Journal of Public Health*）的研究，希望瞭解一九九〇年美國心臟病患者發作後四年內的變化。結果發現，「愛喝茶的人更有機會活下來，喝茶者的死亡率比不喝茶的人低了將近三分之二」。研究人員認為，茶裡的黃酮類化合物或許能阻止動脈血管壁退化，同時也可能有抗血栓與放鬆的效果。

針對茶的健康助益，這都還只是每年數百篇正式科學論文的簡單彙整。一九九一年，全世界只有出版一百五十三篇綠茶研究報告；一九九八年，報告數量來到六百二十五篇；到了二〇〇〇年，雀莉・諾頓發現此前一年有超過七百項研究茶與健康間關係的報告問世。論文數量不但突飛猛進，還放到網路上讓非專業人士閱覽。早年，研究結果往往只有少數人看得到，它們被鎖在研究機構裡，使得一般人難以接觸。現在，只要點下按鈕就看得到了，內容涵蓋近年重要研究，像是茶中酵素對於阻礙癌細胞生長的實際機轉。[23]

將古老想法與近期研究相比，我們會發現，有些陳年概念漸漸被世人遺忘。原本大家認為茶對視力、消化、女性生理不順、咳嗽、氣喘和潰瘍都有好處——這些都從研究議程中消失了。現代研究多半以癌症、心臟病、中風、肥胖為目標。早期的作家和醫生認為，人們能靠著喝茶習慣來阻止歷史上的四大殺手——鼠疫、瘧疾、流行性感冒、水媒性疾病——現在這都已不是西方研究中心的焦點。

我得強調，即便經過兩千年，這些研究都還停留在早期階段。研究人員認為茶與健康之間還有許多關聯性「尚待確認」。有些是絕對的效果，比如說茶能增進專注力、記憶力、區辨力，也對身心有諸多影響。如今我們也無法否認，茶裡的酚類確實能殺死大半水媒性病菌，包括傷寒、霍亂、痢疾。這些好處在過去肯定造福了無數人民。

截至二〇〇三年，比較無法篤定的是針對癌症、中風、心臟病等疾病的療效。研究才要開始。用老鼠來做實驗獲得相關結果，針對人類群體的長期研究也常顯示出有所關聯。我們漸漸開始理解抑制功能的運作方式。但是以人類為目標的大規模測試，當時才剛起步。

至於其他同樣重大的疾病，像是鼠疫、流行性感冒、瘧疾，甚至是愛滋病，人們對其與茶的關聯亦接近一無所知。當時有人猜測它們或許有關，我們也知道茶能殺死流感病毒。但是針對另外三種疾病的背後機制、更廣泛的效用還未有研究。有鑑於現代的瘧疾藥物效果越來越低、流感不斷變種、可能爆發新型鼠疫、愛滋病流行造成的一樁樁悲劇，將心力投注在這個領域是值得的。

越來越多證據支持茶能有效降低某些疾病的罹患機會，且副作用相對微小。若是把茶稱為奇蹟之藥就太愚蠢、太武斷了；但停止研究它的成分，又顯得太謹慎、太疑神疑鬼。至少它擁有超凡的強大效應，能說服千萬人大費周章地煮水泡茶。不然，何必要耗費心力、燃料、時間，還有那些沒滋沒味的熱水？千萬人光是靠著喝茶就能身強體壯。我們也知道茶水外用有消毒的效果，相比大部分消毒藥物，還能對付某些危險的體內細菌、維持內臟平衡。但如今也有研究發現，許多疾病的抑制與茶本身無關，只是因為喝了煮沸過的水。

重點或許還是這個：全球有三分之二的人口每天規律喝茶。茶可能不比其他蘊藏抗菌、抗病毒成分的植物厲害（比如說帶給我們奎寧的金雞納樹皮），這世上存在太多對健康有益的植物。像是十七世紀草藥學家尼可拉斯·庫培柏（Nicholas Culpeper）曾如此敘述月桂樹：

> 漿果能有效對抗有毒生物的各種毒性，胡蜂、蜜蜂的螫刺，以及瘟疫或其他傳染性疾病……女性熬煮葉片跟漿果來坐浴，能減輕泌尿問題、月經不順，或是膀胱疾病、腹部吹風疼痛、排尿困難。[24]

兩者差異在於：沒多少人會喝月桂葉水，但每天喝茶的人可說是難以計數。因為咖啡因，也因為政治、經濟、社交因素，大家都顧著喝茶，幾乎沒把其他材料列入考慮。若茶葉真的含有抗菌以及其他高達五百種的化學成分（其中多種成分的功效，至少在本書出版前還相當模糊），那麼它有機會為全球健康帶來強大影響。[25]

14 魔力之水

「不，」他說，「聽好，這件事非常、非常簡單……我要的……只是一杯茶。你要幫我泡一杯。安靜，聽話。」他坐下來。他向自動營養機（Nutri-Matic）說起印度，說起中國，說起錫蘭。他向機器說起一大堆葉子攤在地上晾曬。他說起銀茶壺，說起夏日午後的草坪。他說到要先倒牛奶再倒茶才不會燙到嘴巴。他甚至（稍微）說到東印度公司的來歷。

「所以，你就要這個？」等他說完，自動營養機問道。

「是的。」亞瑟說，「我就要這個。」

「你想嚐嚐乾葉子泡在開水裡的滋味？」

「呃，對。要加牛奶。」

「從牛身上擠出來的？」

「嗯，可以這麼說吧……」

——道格拉斯・亞當斯（Douglas Adams），《銀河便車指南》（*Hitchiker's Guide to the Galaxy*）

茶的歷史與影響有好有壞，這兩種面向常常相互交織。從茶在全世界擴散、消費的歷程可以看出茶有多成功、影響層面有多廣。它的成功要追溯到源頭。喜馬拉雅山東麓宛如溫室，是世界數一數二植物種類豐富、競爭激烈的生態系，為了在此生存，植物得演化出高人一等的攻守招數。如果這個物種靠著核果或漿果擴張領土，就得吸引鳥兒或猴子之類的哺乳類將其吃下肚、把種子擴散到遠方。周圍有那麼多能吃的葉片跟漿果，假如植物要在演化之路上撐到最後，光是好吃還不夠，得加上額外的優點。茶樹的主要賣點就是咖啡因。它與其他植物不同，能刺激多種動物的身體與大腦，讓牠們感到興奮。

蘊含咖啡因的植物成功存活下來，比如說另一片大陸潮濕叢林裡的可可豆、南美的瑪黛葉，以及中東沙漠這個艱困生態系的咖啡豆。當然，多種植物裡的咖啡因不只是誘因，也對植物本身的發展有其他用途。它也是生物鹼，是幫助合成植物生長時必要的蛋白質分子。還有人主張背後的機轉是分子的分解作用。雖然茶葉中高比例的咖啡因所扮演的生物角色已被解釋，許多人仍對於其為何能生存至今感到困惑，以下是幾個原因。

在生存競爭中，茶樹面臨另一個問題：要如何增進它對有害微生物、真菌、多種細菌的防禦能力（特別是在枝幹有缺口的地方）？樹皮發展出抗細菌、真菌的化學物質，以及好幾種單寧，包括人類常拿來當藥吃的「櫟癭」。咖啡跟可可豆以硬殼自保，裡面的豆子不需要以化學手段來防禦外敵。茶樹跟葡萄不是走這個路線，它們歷經數百萬年，演化出另一種武器——讓外層布滿某種物質，像是葡萄皮或茶葉亮晶晶的葉面，形成抵禦微生物掠奪的盾牌。

這些化學物質能殺死某些進犯的細菌、阿米巴原蟲、銹菌、黴菌以及其他寄生蟲。儘管某些敵人穿透層層防範，茶樹依舊屈服於多種害蟲、真菌、銹菌、黴菌之下，但整體來說這個策略很成功。我們發現跟咖啡、馬鈴薯、葡萄不同，「目前還沒有哪種嚴重疾病足以摧毀整個茶葉產業」。之後，人類在無意間增強了它的抗菌力：揉捻茶葉時，殺菌物質從擠壓過的茶葉裡被釋放出來，微生物的數量會急遽下降。1

茶葉中有四成的重量是單寧（酚類）與類似的化學成分。酚類是人類史上最強大、範圍最廣的抗菌物質之一。約瑟夫．萊斯特（Joseph Lister）[2]在十九世紀後半，就用酚類在醫院裡消毒以降低手術風險。因此，茶樹（還有葡萄）在外皮發展出極度強大的防禦系統。

不只防禦機制，茶葉的強大殺菌特性也是管用的誘因。長久以來，猴子會把牠們的健康與某些植物連結在一起。牠們學到，如果身上有傷口或感染，就咀嚼茶葉、把混了葉子碎片的唾液塗在傷口上，痊癒的機會比較大。我們也猜測演化走的是比較迂迴的途徑。那些運用茶樹的猴子更健康、能活得更好，因為茶葉會殺死牠們口中跟胃裡的有害細菌，而且咖啡因的刺激作用能使得牠們更靈活、更成功。在人類還沒登場前，或許猴子跟茶的共生關係早已確立。

首先，猴子讓茶樹長遍阿薩姆－緬甸－中國西南方叢林。接著，叢林原住民和商人發現它的用途，讓世界上最偉大的帝國人民注意到這種植物。茶占據了東亞的大片土地，囊括全世界一半以上的人口，伴隨中國與日本文化的綻放，改變了宗教、經濟、美學、工藝、社會型態。它也帶來毀滅與侵略。蒙古人和滿洲人，可能就是為了它攻占大半俄羅斯、伊斯蘭帝國以及中國。但是一直到十七世紀，它的使用範圍還是沒有超出蒙古人曾支配過的土地。整個新世界，非洲、印度、西歐，都還不懂得喝茶。

在一六〇〇到一九〇〇年間，它先是擴散到西歐、中東、俄羅斯，而後藉由大英帝國的船隻涉足赤道上的許多區域。從西亞的印歐民族（印度、伊斯蘭文化圈、俄羅斯、歐洲）到大英帝國的新版圖（加拿大、澳洲、美國），都臣服於茶的魅力之下。

縱使有這麼多正面效益，茶也對環境和人力帶來無法比擬的負擔。在西方，茶跟糖伴隨著工廠和礦坑裡汗流浹背的勞工。更可怕的是，對於茶園裡成千上萬工人的剝削，與茶園經理跟股東享受的龐大利益相比，那些行徑更顯得齷齪無恥。

茶與帝國興衰的關聯相當複雜。它是中國、日本、英國崛起的要素之一。然而這些帝國都曾向他們的鄰居、自己的子民，以及殖民地人民索取沉重代價。以中國為例，或許茶提升了唐、宋朝代的輝煌榮景，但它也引來英國的砲火。英國的經歷大同小異，茶葉產業帶來的工業化有利有弊，不能偏廢任何一方；英國讓印度更富裕，但也招致阿薩姆遭到蹂躪。

過去二十年來，至少某些茶園裡的勞動環境有所改善。此外，大規模的剝削，利益全數流向英國和其他西方國家的現象現在沒那麼明顯了。印度獨立後，阿薩姆的茶園轉手給印度籍經理，大多為印度茶公司所有。

人類是史上最成功的大型獵捕者。他們踩著其他物種爬到這一步，或是將它們當成奴隸使用。不過他們有個致命的對手。從演化的角度來看，人類始終占了下風。微生物小到眼睛看不見，還能高速增殖。原蟲、阿米巴原蟲、病毒以及最強大的細菌，它們占據了人體和地表。

綜觀人類歷史，一直到最近的一百多年間，人類只察覺到微生物的影響。除了十七世紀後半的早期顯微鏡下極為有限的觀測，人們看不到、也無法理解這個隱形界域的運作模式。因此，對抗危險微生物的努力往往徒勞無功。綜合諸多因素可以發現，一旦經濟與生產能力提升到某個門檻、使人口更加密集，就會增加微生物增殖的速度。能透過諸多途徑傳播的細菌，就這樣成為更大的威脅。

人類的演化速度極慢，身軀相對龐大且容易遭受攻擊，必須仰賴幾個層面的防護，包括與其他哺乳類相似的免疫系統。不過人類跟其他動物之間的差異，是具備了兩種特殊能力：其一是能夠取得、儲藏、交流大量可靠的知識，另一個就是將這些知識用來形塑既存資源或發明新工具。

與細菌這個看不見的敵人搏鬥毫無獲勝希望，直到一八七〇年代，巴私德與柯霍等人確立了細菌學，才捕捉到它們的存在。克服疾病的種種方式一向都是碰運氣。製造足夠的知識與技術來擊倒這些疾病，是早期科學和工業社會的先決條件；除非能抑制一般的細菌擴散，否則文明永遠無法向前邁進。假如敵人隱去身形、陌生無比，人類要怎麼贏呢？這似乎是個沒有出口的惡性循環。

數百萬年來，世界見證了動植物與細菌間的種種拉扯。透過盲目或隨機的變種，以及選擇性留存的策略，某些動植物得以蓬勃發展。智人登場時，他們繼承了這套大規模實驗與豐碩的結果。男男女女利用演化出的各個物種打造生活環境、馴化周遭大量的動植物，然後建構他們的文明。

大部分食用動植物的馴化都有具體目標，好處明顯而迅速。某人飢餓、虛弱又疲累，在享用美味的草葉和果實後感到滿足又強壯。這些對人類來說是顯而易見的成效。但是與微生物的戰爭之中，人類永遠捉摸不到敵人潛藏在何處。或許疾病與死亡是邪靈、女巫、祖先和神明帶來的，又或是命中注定。我們看不到這些無所不在的存在。

抵擋微生物引發的疾病，得仰仗人類盲目的變種與選擇。我們漸漸察覺某些行為之間的關聯，比方吃下某種植物或採取隔離，這樣大家就能恢復健康。從宏觀角度來看，某個物種能對無意間觸發的條件做出正確連結，接著選擇這些行為，他們就能茁壯，並在漫長的鬥爭中取得勝利。

就這樣，人類注意到許多有用的植物和物質。近年研究指出，東西方傳統醫學的藥草其實相當有效。像奎寧這類藥物很快就聞名天下。有一些則在數千、數百年間漸漸發掘出它們的效用，像是用酸模來舒緩蕁麻疹、用聖約翰草緩解憂鬱、將人蔘運用在多種疾病上……雖然藥草能治病，但它們幾乎無法預防疾病。人類需要強大的殺菌劑，而且要從自然界演化出來、接受人類的馴化，還要能大量生產。

史上只有一種植物符合以上條件，至少只有它幾乎受到各國人民的喜愛。茶不只融合數種有效抗生素，也蘊含其他誘因，使得它成為史上最熱門、散播最廣的養生植物。它在無意間被人類發掘，運用在各個領域，但一直到近代人們才稍微瞭解它如何給予人類最重要的抗病防壁。

一八七〇年後的一個世紀間，人口密集處受污染的飲用水問題總算解決；大家有辦法監測水質，並用水管輸送安全的飲用水。這是非常近期的改變，甚至在歐洲也並非隨處可見。很多人還記得一九六〇、一九七〇年代的假期，出現了要英美觀光客「避開西班牙、義大利、希臘甚至法國的不衛生自來水」的建議。只有少數北歐國家跟美國相對安全。現在，已開發國家基本上都有安全的公共自來水了。

根據近千禧年左右一系列針對水質與健康的研究，當時還有十一億人（大約是全球人口的六分之一）無法取得安全的飲用水。非洲和亞洲有大片區域的人民，他們與最近的水源平均有六公里的距離，人們（特別是婦女）每一、兩天就要扛回十到十六公斤的水。他們取用的水往往不太安全。另外，當時全球有四成人口無法獲得妥善的衛生設備，許多人因為水媒性疾病喪失健康，甚至丟了小命。彼時學者推測，世界上有一半的病人是因水媒性疾病而倒下，每十五秒就有一個小孩死於水媒性疾病，許多都還是襁褓中的嬰孩。[3]

這些問題從古代延續至今。人類要如何在越來越擁擠的世界上生存呢？要如何每天平均攝取兩品脫的安全飲料？許多迅速擴張的第三世界聚落裡，水源遭受嚴重污染，生乳同樣不安全且難以取得。咖啡、巧克力、葡萄酒、威士忌、清酒……這些飲料比較不適合日常飲用，而且成本太高。在水源風險降低前，似乎只有一個選擇，是東亞人民透過數個世紀摸索的結果——喝茶。

茶有個重大缺陷：儘管它本身相對便宜，也能反覆沖泡，但就是需要滾水。燒水要耗費燃料，通常是木柴。在許多低開發程度的地方，能源需求有一半是用來煮食和保暖，對家家戶戶來說是龐大負擔。燒水泡茶又增添了一筆開銷。

我還想不到喝茶以外的替代方案。如果全球在中國、日本、印度、東南亞的三分之二人口突然失去茶（舉例來說，假如茶樹遭受枯萎病侵襲，像是愛爾蘭的馬鈴薯或法國的葡萄那樣大規模凋零），可能會有死亡率飆升、許多城市崩毀、嬰孩大量死亡等問題。那將是一場浩劫。

許多政府單位或慈善機構關注大範圍的貧困問題，提議發送茶粉或茶葉或許是可行之道。同時，他們應該研究該如何以最少的燃料泡出這種提振精神的健康飲料。假使歷史重演，這個作法有機會比任何其他能取得的「藥物」拯救更多性命、創造更多幸福。而茶園工人不甚理想的勞動環境也需要關注，想辦法讓提供這個不凡藥物的工人獲得更恰當的報酬。

進步的工業化國家擁有乾淨的自來水，人民也有錢買其他飲料，水媒性疾病的威脅性幾乎消失，這或許讓我們以為散播健康的茶飲已能功成身退。這個曾幫助我們的世界度過危機的植物，就只是提神飲料，不再是養生藥物了嗎？

在工業化、都市化的國家，主要殺手還是中老年人的疾病，特別是形形色色的癌症、心臟病（冠狀動脈疾病）以及腦部疾患（中風）。現在我們逐漸發覺，茶樹的演化策略無意間生出了許多有用的物質。茶葉中含量豐富的多酚與黃酮類化合物，不但能抵抗細菌和真菌，其中也有許多抗氧化劑、維他命等化學物質。越是研究，就越瞭解茶很可能蘊藏著製造安全飲料以外的功能。我們能從近代研究結果漸漸看出，許多退化性疾病似乎是透過喝茶緩解的。

這個平凡無奇的綠色灌木帶給人類健康、靈思和幸福感。融合了製造、運輸、拍賣、廣告與販售的廣大產業應運而生，左右許多國家的政策。茶是世界上四分之三人口的每日必需品。

這個植物讓數百萬人覺得生活勉強還能忍受，甚至從中找到樂趣。有錢人能享受芳香茗茶和高雅的社交活動；窮人在工廠、礦坑、農田裡靠著茶掙扎度日。少了茶，孩童的死亡率可能會更高，而人們疲憊的身心更無法支撐下去。

不過，數百萬在茶園裡創造「綠金」的工人，他們受盡折磨與屈辱，為其他人帶來財富。想到這個無辜、溫和的棕色或綠色液體背後的種種，我們會震驚不已。看來湯瑪士・德昆西（Thomas de Quincey）[4]將茶描述為「魔力之水」，確實有其道理。

各章附注

00　導言

1.　譯注：即茶多酚與兒茶素。

01 歐洲女子的印度回憶錄

1.　譯注：自創單字。
2.　譯注：英國浪漫派詩人，破敗小屋和水仙花皆是他詩中知名的意象。
3.　編注：中歐歷史上的一塊地域，現多為波蘭西南部，少部分為捷克和德國領土。

02　關於這個癮頭

1.　譯注：法國微生物學家、化學家，開創微生物學、免疫學，同時也對發酵工藝貢獻極大。
2.　Goodwin, *Gunpowder*, 61

03 翠綠茶湯上的浮沫

1.　Hardy, *Tea Book*, 138
2.　Ukers, *Tea*, II, 398
3.　Ukers, *Tea*, II, 398
4.　Okakura, *Tea*, 3
5.　Lu Yu, *Classic*, 60
6.　Wilson, *Naturalist*, 97–8
7.　Wilson, *Naturalist*, 98
8.　Okakura, *Tea*, 47
9.　Okakura, *Tea*, 44
10.　Jill Anderson, quoted in Weinberg and Bealer, *Caffeine*, 36
11.　Ukers, *Tea*, II, 399
12.　Ukers, *Tea*, II, 432
13.　Ukers, *Tea*, II, 400

14. Quoted in *Encyclopaedia Britannica*, 1910–11, 'Tea', p.482
15. Williams, *Middle*, II, 53
16. 編注：漢傳佛教禪門五宗之一，創始者臨濟義玄，主張「以心印心，心心不異」。
17. For an excellent account, see Okakura, *Tea*. For a longer description of the tea ceremony, see www.alanmacfarlane.com/tea
18. Frederic, *Daily Life*, 75; Kaisen, *Tea Ceremony*, 101
19. Weinberg and Bealer, *Caffeine*, 133
20. Paul Varley in *Cambridge History of Japan*, 3:460
21. 譯注：passing the port，在餐桌上從主人開始，順時針依序為右邊賓客倒酒的儀式。
22. Morse, *Japanese Homes*, 149–51
23. The quotations are from Okakura, *Tea*, 29-30, 54, 80–1,129
24. Morse, *Japanese Homes*, 151–2

04 茶葉來到西方

1. The account given here is very brief. A much fuller one is contained in Macfarlane, *Savage Wars*, 144-9, and also on www.alanmacfarlane.com/tea
2. Bowers, *Medical Pioneers*, 36
3. Ferguson, *Drink*, 24
4. Ukers, Tea, I, 40
5. Dr Nicolas Tulpius, *Observationes Medicae, Amsterdam*, 1641, quoted in Ukers, *Tea*, I, 31–2
6. Ukers, I, p.32; *Les Grandes Cultures*, p.216
7. Quoted in Porter and Porter, *In Sickness*, 220
8. Short, *Dissertation*, 40–61
9. 譯注：強・考克萊・雷桑（John Coakley Lettsom），倫敦醫學會的創辦人。
10. Lettsom, *Natural History*, 39ff
11. Quoted in Braudel, *Structures*, 251; for further statistics of a more detailed kind, see Macfarlane, *Savage Wars*, 145 and figures on the website
12. Drummond and Wilbraham, *Food*, 203
13. Earle, *Middle Class*, 281
14. Davis, *Shopping*, 210
15. Kames, *Sketches*, III, 83
16. Quoted in Drummond, *Food*, 203
17. Quoted in Marshall, *English People*, 172
18. Ukers, *Tea*, I, 47
19. de la Rochefoucauld, *Frenchman*, 23, 26
20. Quoted in Drummond, *Food*, 204

21. Quoted in Wilson, *Strange Island*, 154
22. On the interesting widespread use of tea in the Netherlands from the 1660s onwards, see Ukers, *Tea*, II, 32,421
23. The importance of a previous history of hot drinks, and of the relative affluence of the British middle classes, is discussed by Burnett, *Liquid Pleasures*, 186

05 魅力

1. 譯注：蘭斯洛特・布朗（Lancelot Brown），英國知名園林設計師。
2. There is a description of it in 'The tale of a teabag' by Fran Abrams, in the *Guardian* (*G2* magazine), 26 June 2002
3. Ukers, *Tea*, I, 46; the story of Lyons tea houses is in Ukers, II, 414
4. Burgess, *Book of Tea*, 10
5. Troubridge, *Etiquette*, II, 2
6. Messenger, *Guide to Etiquette*, 66
7. Maclean, *Etiquette and Good Manners*, 66
8. Stables, *Tea*, 77
9. 譯注：英國維多利亞時期長篇小說家。
10. Talmage, *Tea-Table*, 10
11. Quoted in Kowaleski-Wallace, *Consuming*, 19
12. Burnett, *Liquid Pleasures*, 49–50, 63
13. Williams, *Middle Kingdom*, II, 54
14. Ovington, *Tea*, dedication
15. Sumner, *Popular*, 42
16. Sigmond, *Tea*, 135
17. Stables, *Tea*, 111
18. Pascal Bruckner, quoted in Burgess, *Tea*, 126
19. Raynal, quoted in Ukers, *Tea*, I, 46
20. Scott, *Story of Tea*, 195
21. Hobhouse, *Seeds*, 1999, 136, 138-9
22. Burnett,LiquidPleasures,51
23. The advertisement is reprinted in Ukers, *Tea*, I, 42
24. Davis, *Chinese*, 375
25. Mintz, *Sweetness*, 214

06 取代中國

1. 譯注：於一七五九年開放的英國皇家植物園。
2. See photographs in Ukers, *Tea*, I, 300, 464

3. Gordon Cumming, *Wanderings*, 317–8
4. Wilson, *Naturalist*, 93
5. Quoted in Ukers, *Tea*, I, 465
6. Gordon Cumming, *Wanderings*, 317–8
7. Dyer Ball, *Things Chinese*, 644
8. Ball, *Account*, 352-3
9. Isabella Bird, *Yangtze*, 142–3
10. Wilson, *Naturalist*, 95
11. Ball, *Account*, 354)
12. 編注：中國當時以秤重用的質量單位「兩」作為銀質錢幣的貨幣單位。1 兩約為 37.301 克。1 兩= 10 錢= 100 分= 1,000 釐。
13. The section on the Opium Wars is largely based on Henry Hobhouse, *Seeds*, 1999, 144–52
14. Davis, *Chinese*, 370
15. Hobhouse, *Seeds*, 1999, 152
16. Bramah, *Tea*, 81
17. 譯注：英國倫敦泰晤士河北岸的碼頭。
18. 譯注：蘇格蘭地理學家、動植物學家，曾駐印度加爾各答植物園。
19. Ball, *Account*, 334–5
20. Fortune, *Tea Districts*, II, 295

07 綠金

1. 譯注：應是第一代達爾豪希侯爵，曾任印度總督。
2. 譯注：十九世紀阿洪姆王國內的部落，在一八三九年遭到英國併吞。
3. Charles Bruce's Report is in the *Report of the Agricultural and Historical Society*, 1841, India Office Tracts, no.320
4. Bruce's Report
5. 譯注：蘇格蘭植物學、古生物學家，以印度和緬甸為研究重心。

08 茶葉狂熱：阿薩姆

1. St Andrews University Library, Scotland
2. Carnegie letters, India OfficeLibrary, BL
3. 譯注：可能是恙蟲病。
4. 譯注：應是指登革熱。

09 茶葉帝國

1. *The March of Islam AD 600–800* (Amsterdam, 1988), 108

2. 譯注：美國理科教師、牧師，曾於一八七〇年代赴日傳播現代科學教育思想，是日本現代化的功臣之一。
3. Griffis, *Mikado's Empire*, II, 409–10
4. 譯注：美國記者、旅行作家，一八八五年起常至東方遊歷，促成在華盛頓種植日本櫻花。
5. Scidmore, *Jinrikisha*, 254
6. See Macfarlane, *Savage Wars*, chapters 7, 9
7. Morse, *Day*, II, 192
8. Arnold, *Seas*, 543
9. Black, *Arithmetical*, 16
10. Heberden, *Observations*, 34–5, 40–1
11. Place, *Illustrations*, 250
12. Kames, *Sketches*, I, 245
13. Blane and Rickman are both quoted in George, *London*, 329, n. 103
14. George, *Some Causes*, 333–5
15. Burnett, *Liquid Pleasures*, 56, 187
16. Ukers, *Tea*, I, 67
17. 譯注：英國軍官，第八任陸軍總司令，第一代沃斯理子爵。
18. Scott, *Story of Tea*, 100, 99; Reade, *Tea*, 65
19. M. A. Starr, MD, Emeritus Professor of Neurology, Columbia University, New York, in the New York Medical Record, 1921. Quoted in Ukers, *Tea*, I, 556
20. Burgess, *Book of Tea*, 16
21. No.746, dated 25th October 1879, to the Secretary to the Surgeon-General, Calcutta: medical appendix from Maitland's *Report*
22. No.746, dated 25th October 1879, to the Secretary to the Surgeon-General, Calcutta: medical appendix from Maitland's *Report*
23. *The Lancet*, London, April, 1908, pp. 299–300; quoted in Ukers, Tea, I, 554
24. Chambers Encyclopaedia, 'Tea', 481
25. Quoted in Reade, *Tea*, 16

10 工業與茶

1. The passages are taken from Ball, *Account*, 336, 342, 357–8, 361
2. *Daily Telegraph* special issue, 28 February 1938, vii
3. Harler, *Tea*, 64
4. Based on *Ukers*, I, 157–8
5. Dyer Ball, *Things Chinese*, 647; for a useful diagrammatic representation of this, see Forest, *Tea*, 189

6. An anonymous informant, quoted in Gardella, *Harvesting*
7. Dyer Ball, *Things Chinese*, 648

11 勞力

1. Money, The Cultivation and Manufacture of Tea
2. Henry 寇頓 's Scrapbook, see bibliography
3. In India Office Library, MSS/EUR/F/174
4. In India Office Library, MSS/EUR/F/970
5. 譯注：原本與比哈爾合稱「比哈爾和奧里薩省」，到一九三五年才獨立為奧里薩省。
6. In India Office Library, MSS/EUR/F/1036
7. Pilcher, Navvies of the 14th Army
8. 譯注：英國陸軍將領，一九四四年官拜少將，指揮第二十五印度步兵師。
9. Tyson, G. Forgotten Frontier
10. 譯注：英國少將。
11. 譯注：魏維爾子爵，曾任印度總督，二戰期間兼任陸軍元帥。

12 今日的茶葉產業

1. See Chatterjee, *Time for Tea*. For another interesting account of conditions in tea, see Guardian , G2, 25 June 2002, 'The Tale of a Teabag' by Fran Abrams
2. The following account is based on some brief investigations carried out in 2001. In the interviews I conducted (all of which I filmed and re-analysed) I tended to cover a central range of topics, with some extra, specific, questions for each informant
3. Names of the informants whose filmed interviews are transcribed here have been changed, except for Smo Das, which is his real name
4. The following compressed account is largely based on Hazarika, *Strangers*
5. Hazarika, *Strangers*, 264
6. Details are given in Hazarika, *Strangers*, especially 263–4

13 身體與心靈

1. Williams, *Middle Kingdom*, II, 52
2. Morse, *Day*, II, 192
3. Morse, 'Latrines', *American Architect and Building News*, xxxix, no.899, 172
4. Morse, *Day*, II, 192
5. Goodwin, *Gunpowder*, 37
6. 譯注：美國農業科學家，致力於有機農業、永續農業的研究與實踐。
7. King, *Farmers*, 323,77

8. King, *Farmers*, 323–4
9. 譯注：海因里希·赫曼·羅伯特·柯霍（Heinrich Hermann Robert Koch, 1843-1910），德國為生物學家，細菌學始祖之一。
10. *Encyclopaedia Britannica*, 1910–11, 'Tannin'
11. Ukers, *Tea*, I, 557
12. Ukers, *Tea*, II, 301
13. Ukers, *Tea*, I, 547, 514
14. Ukers, *Tea*, I, 520, 540
15. H. C. Wood, Jr., MD, Professor of Pharmacology of the Medico-Chirurgical College, Philadelphia: *Tea and Coffee Trade Journal*, New York, October, 1912, 356
16. M. A. Stare, M D, Emeritus Professor of Neurology, Columbia University, New York, in the *New York Medical Record*, 1921
17. R. Pauli, PhD, Professor of Psychology in the University of Munich, quoted in the *Tea and Coffee Trade Journal*, New York, July, 1924, 54–6.
18. Quoted by Ukers, *Tea*, I, 539
19. See the table in Ukers, I, 542
20. See Weinberg and Bealer, *Caffeine*, chapter 16 150 Stagg and Millin, 'Nutritional', 1975
21. A fuller account behind this brief summary is to be found on *www.alanmacfarlane.com/tea*
22. Of course, the manganese content will vary considerably, depending on the quantity of manganese in the soil in which the tea bushes are growing.
23. See www.alanmacfarlane.com/tea for a summary of some of the reported health benefits as described on the Internet
24. Quoted in Hylton, *Rodale Herb Book*, 360
25. The figure of 500, and a description of their nature, is to be found in *Green Tea* by Ling and Ling, 71. Chapter 5, on 'The Pharmacological Effects of Green Tea', contains a recent survey on research on the medical effects of tea

14 魔力之水

1. Ukers, *Tea*, I, 390–1; Harler, *Tea*, 58, 78; *Chambers* Encyclopaedia, 'Tea', 482
2. 譯注：英國外科醫師，被譽為「現代外科之父」。
3. BBC, Radio 4, 29 July 2001, *Water Story*
4. 譯注：英國散文家。

參考書目與延伸閱讀

網路上的補充資料（www.alanmacfarlane.com/tea）

正文中提及的許多議題都能在我的網站上找到更深入的探討，包括：

茶；南印的觀點，二〇〇二年十月

現代種茶與製茶技術

茶對健康的效益

茶的醫療效用的網路資料

同時還有一些製茶、作者談論茶葉的影片（提供給使用網路的讀者）

手稿來源

第七章 綠金：

India Office Tracts, vol.320 for Charles Bruce's account. Copies of papers received 22 February 1839, HMSO. For Tea Committee, sf/A30.B7E 39,63 in St Andrew's University Library, Scotland.

第八章 茶葉狂熱：

The Carnegie letters are in the India Office Library at the British Library, MSS/EUR/C682. The report on coolie immigration is at the same F/174/968.

第十一章 勞力：

Reports on all the Commissions of Enquiry are to be found at the India Office Library, British Library, in MSS/EUR/F174. Of special interest are those of Rege (1006), Desphende (1007), Lloyd Jones (1008), TUC (1036), Cotton (589,597,1165), Dowding (970), Royal Commission (1030), Shadow Force (1313), Report on Emigrants (968). Henry Cotton's Scrapbook is in MSS/HOME/Misc/D1202.

以上某些書信內容收錄在

The Colonization of Waste-Lands in Assam, being a reprint of the official correspondence between the Government of India and the Chief Commissioner of Assam. (Calcutta, 1899)

書籍與文章

若無特別標示，書籍出版地皆是倫敦。

Allen, Stewart L., *The Devil's Cup: Coffee, the Driving Force in History* (1999)

Antrobus, A. A. *History of the Assam Company* (1957)

Arnold, Sir Edwin, *Seas and Lands* (1895)

Baildon, Samuel, *Tea Industry in India* (1882)

Bailey, F. M., *China, Tibet, Assam* (1945)

Bald, Claud, *Indian Tea* (1940)

Ball, Samuel, *An Account of the Cultivation and Manufacture of Tea in China* (1848)
Bannerjee, Sara, *The Tea Planter's Daughter* (1988)
Barker, G. A., *A Tea Planter's Life in Assam* (1884)
Barpujari, H. K., *Assam in the Days of the Company* (1980)
Barua, B. K., *A Cultural History of Assam* (1951)
Bird, Isabella, *The Yangtze Valley and Beyond* (1899; Virago reprint 1995)
Black, William, *An Arithmetical and Medical Analysis of the Diseases and Mortality of the Human Species* (1789)
Bowers, John Z., *Western Medical Pioneers in Feudal Japan*
(Baltimore, 1970)
Bramah, Edward, *Tea & Coffee: a Modern View of Three Hundred Years of Tradition* (1972)
Brand, Dr Van Someren le (ed.), *Les Grandes Cultures du Monde*
(Flammarion, Paris, early twentieth century)
Braudel, Fernand, The Structures of Everyday Life (1981) Breeman, J., Taming the Coolie Beast (Oxford, 1989)
Brewer, John and Porter, Roy (eds), *Consumption and the World of Goods* (1993)
Brown, Peter B., In Praise of Hot Liquors: *The Study of Chocolate, Coffee and Tea-Drinking 1600–1850* (1996)
Burgess, Anthony (preface), *The Book of Tea* (Flammarion, no date, by various authors)
Burnett, John, *Liquid Pleasures: A Social History of Drinks in Modern Britain* (1999)
Cambridge History of Japan, Vol. III, 'Medieval Japan'. ed. Kozo Yamamura, Cambridge University Press, 1990
Chamberlain, Basil Hall, *Japanese Things: Being Notes on Various Subjects Connected with Japan (Tokyo, 1971)*
Chambers Encyclopaedia, 1966, 'Tea'
Chatterjee, Piya, *A Time for Tea: Women, Labor, and Post/Colonial Politics on an Indian Plantation* (2001)
Clarence-Smith, William Gervase, *Cocoa and Chocolate*, 1765–1914 (2000)
Cotton, Henry, *Indian and Home Memories* (1911)
Cranmer-Byng, J. L. (ed.) *An Embassy to China: Being the journal kept by Lord Macartney during his embassy to the Emperor Ch'ien-lung 1793–4* (1962)
Crole, David, *Tea* (1897)
Daily Telegraph and Morning Post supplement, 28 February 1938. 'Empire Tea', various articles
Das, R. K., *Plantations Labour in India* (1931)
Davis, Dorothy, *A History of Shopping* (1966)
Davis, John Francis, *The Chinese: a General description of China and its Inhabitants* (1840)
Drummond, J. C. and Wilbraham, Anne, *The Englishman's Food, a History of Five Centuries of English Diet* (revised edn, 1969)
Dyer Ball, J., *Things Chinese* (1903; reprint Singapore, 1989)
Earle, Peter, *The Making of the English Middle Class* (1989)
Encyclopaedia Britannica, 11th edition, 1910–11
Ferguson, Sheila, *Drink* (1975)
Forrest, Denys, *Tea for the British: The Social and Economic History of a Famous Trade* (1973)
Fortune, Robert, *Three Years' Wanderings in the Northern Provinces of China* (1847), *The Tea Districts of China and India* (1853)
Frederic, Louis, *Daily Life in Japan, at the time of the Samurai, 1185–1603* (1972)
Gardella, Robert, *Harvesting Mountains: Fujian and the China Tea Trade, 1757–1937* (1994)
George, M. Dorothy, 'Some Causes of the Increase of Population in the Eighteenth Century as Illustrated by London', *Economic Journal*, vol. xxxii, 1922, *London Life in the Eighteenth Century* (1965)
Goodman, Jordan, Lovejoy, Paul and Sherratt, Andrew (eds.), *Consuming Habits: Drugs in History and Anthropology* (1995)
Goodman, Jordan, 'Excitantia, or, How Enlightenment Europe took to soft drugs' in Goodman et. al. above
Goodwin, Jason, *The Gunpowder Gardens: Travels through India and China in search of Tea* (1990)

Gordon Cumming, C. F., *Wanderings in China* (Edinburgh, 1900) Griffis, W. E., *The Mikado's Empire* (10th edn, New York, 1903)
Griffiths, Sir Percival, *The History of the Indian Tea Industry* (1967)
Grove, Richard, *Green Imperialism* (Cambridge, 1995)
Guha, A., *Planter-Raj to Swaraj: freedom struggle and electoral politics in Assam 1826–1947* (Delhi, 1977)
Hammitzsch, Horst, *Zen in the Art of the Tea Ceremony* (Tisbury, Wiltshire, 1979)
Hann, C. M. *Tea and the domestication of the Turkish State* (Huntingdon, 1990)
Hara, Y, 'Prophylactic functions of tea polyphenols', *Health and Tea Convention*, Colombo, 1992
Hardy, Serena, *The Tea Book* (Whittet Books, Surrey, 1979)
Harler, C. R., *The Culture and Marketing of Tea* (Oxford, 1958)
Hazarika, Sanjoy, *Strangers of the Mist: Tales of War and Peace from India's Northeast* (1994)
Heberden, William, *Observations on the Increase and Decrease of Different Diseases, and Particularly the Plague* (1801)
Hobhouse, Henry, *Seeds of Change: Six plants that transformed mankind* (1987, 1999)
Hylton, William H. (ed.), *The Rodale Herb Book* (Rodale Press, Emmaus, Pa., 1974)
Kaempfer, Engelbert, *The History of Japan* (1727; 1993 reprint, Curzon Press), tr. J.G.Scheuchzer, 1906
Kaisen, Iguchi, *Tea Ceremony* (Osaka, 1990)
King, F.H., *Farmers of Forty Centuries, or Permanent Agriculture in China, Korea and Japan* (1911)
Kiple, Kenneth E. and Ornelas, K.C. (eds), *Cambridge World History of Food* (Cambridge, 2000), vol. 1, 'Tea', pp.712–19 (by John Weisburger and James Comer)
Kowaleski-Wallace, Elizabeth, *Consuming Subjects: Women, Shopping and Business in the Eighteenth-Century* (New York, 1997)
Lettsom, John Coakley, *The Natural History of the Tea-Tree, with Observations on the Medical Qualities of Tea.* (1772)
Ling, Tiong Hung and Nancy T., *Green Tea and its Amazing Health Benefits* (Longevity Press, Houston, Texas, 2000)
Lu Yu, *The Classic of Tea: Origins and Rituals* (New Jersey, 1974), translated and introduced by Francis Ross Carpenter Macfarlane, Alan, *The Savage Wars of Peace: England, Japan and the Malthusian Trap* (Blackwell 1997; Palgrave, 2002)
Macartney Embassy to China, see Cranmer-Byng Maclean, Sarah, *Etiquette and Good Manners* (1962)
Maitland, P. J., *Detailed Report of the Naga Hills Expedition of 1879-80* (Simla, 1880)
Mann, Harold, *The Social Framework of Agriculture* (1968), chapters 6, 33,34
Marks, V., 'Physiological and clinical effects of tea' in *Tea: Cultivation to Consumption* (1992), eds. K. C. Willson and M. N. Clifford
Marshall, Dorothy, *English People in the Eighteenth Century* (1956)
Messenger, Betty, *The Complete Guide to Etiquette* (1966)
Mintz, Sidney W., *Sweetness and Power: the Place of Sugar in Modern History* (1985) 'The changing roles of food in the study of consumption', in Brewer and Porter above
Money, Lt-Col. Edward, T*he Cultivation and Manufacture of Tea* (3rd edn, 1878)
Morse, Edward S., Japan Day by Day: 1877, 1878–9, 1882–83 (Tokyo, 1936) , Japanese Homes and Their Surroundings (1886; New York, 1961), 'Latrines of the East', *American Architect and Building News*, vol. xxxix, no.899, 170–4 (1893)
Okakura, Kakuzo, *The Book of Tea* (Tokyo, 1989)
Ovington, J., *An Essay upon the Nature and Qualities of Tea* (R. Roberts, 1699)
Place, Francis, *Illustrations and Proofs of the Principle of Population* (1822; George Allen and Unwin reprint, 1967)
Pilcher, A. H., *Navvies of the 14th Army* (unpublished account, copies in the South Asian Studies Library, Cambridge and the Indian Tea Association Records, India Office Library, F/174; it is quoted at some length in Percival Griffiths, op.cit.)

Porter, Roy and Dorothy, *In Sickness and in Health* (1988)
Reade, A. Arthur, Tea and Tea-Drinking (1884)
Rochefoucauld, François de la, *A Frenchman in England 1784*, ed. Jean Marchand (1933)
Scidmore, Eliza R., *Jinrikisha Days in Japan* (New York, 1891) Schivelbusch, Wolfgang, *Tastes of Paradise* (New York, Vintage, 1992)
Short, Thomas, A Dissertation Upon Tea (1730)
——*A Comparative History of the Increase and Decrease of Mankind* (1767)
Scott, J. M., *The Tea Story* (1964)
Sigmond, G. G., *Tea: Its Effects, Medicinal and Moral* (1839) Smith, Woodruff D., 'Complications of the Commonplace: Tea,
Sugar, and Imperialism', *Journal of Interdisciplinary History*, XXIII: 2 (Autumn 1992), 259–78, 'From Coffeehouse to Parlour; the consumption of coffee, tea and sugar in north-western Europe in the seventeenth and eighteenth centuries' in Goodman et. al. (see above)
Stables, W. Gordon, *Tea: the Drink of Pleasure and Health* (1883) Stagg, Geoffrey V. and Millin, David J., 'The Nutritional and Therapeutic Value of Tea – A Review', *Journal of the Science of Food and Agriculture*, 1975, 26, 1439–59
Sumner, John, *A Popular Treatise on Tea: its Qualities and Effects* (1863)
Talmage, Thomas de Witt, *Around the Tea-Table* (1879)
Teatech 1993, *Proceedings of the International Symposium on Tea Science and Human Health, Tea Research Association, India, 1993*, various papers
Troubridge, Lady, *The Book of Etiquette*, 2 volumes (1926) Tyson, G., *Forgotten Frontier* (1945)
Ukers, William H., *All About Tea*, 2 volumes (New York, 1935) Weinberg, Bennet A., and Bealer, Bonnie, K., *The World of Caffeine: The Science and Culture of the World's Most Popular Drink* (2001)
Weisburger, John H. and Comer, James, 'Tea' in Kenneth F. Kiple and K. C. Ornelas (eds), *The Cambridge World History of Food* (Cambridge 2000)
Williams, S. Wells, The Middle Kingdom, 2 volumes (1883) Wilson, Ernest Henry, *A Naturalist in Western China: with Vasculum, camera, and Gun* (1913)
Wilson, Francesca M. (ed.), *Strange Island: Britain through Foreign Eyes 1395–1940* (1955)

期刊

Economic and Social History Review, 4 & 5; *Assam Review and Tea News*; *Economic and Political Weekly*, 2 & 22 (Assam Company); *Journal of Calcutta Tea Trader's Association*; *Journal of the Asiatic Society* (Bruce); *Journal of the Agricultural and Horticultural Societies*, vols. 1, 10, 35; *Bengal Economic Journal 1918* (Mann), *Englishman's Overland Mail*, 1860; *Planting Opinion* (from 1896)

中英名詞對照表

※依首字筆畫排序

A・H・皮榭爾 A. H. Pilcher
J・M・麥奇 J. M. Mackie
T・波維 T. Povey
乞拉朋吉鎮 Cherrapunji
千利休 せんのりきゅう Sennorikyu
大英帝國 British Empire
大衛・史考特 David Scott
山謬・皮普斯 Samuel Pepys
山謬・波爾 Samuel Ball
工會聯盟理事會 Trades Union Council
工業主義 industrialism
不列顛尼亞鋼鐵公司 Britannia Iron Works
厄涅斯特・亨利・威爾森 Ernest Henry Wilson
巴斯卡・卜律克涅 Pascal Bruckner
文思理 Sidney Mintz
比哈爾（地名）Bihar
加尼特・沃斯理 Garnet Wolseley
加爾各答 Calcutta
卡內吉兄弟艾利克與約翰 Alick and John Carnegie
卡爾・瑞奇曼上尉 Captain Carl Reichmann
古塔先生 Mr. Gupta
尼古拉斯・德克斯醫師 Dr. Niklas Dirx
尼可拉斯・庫培柏 Nicholas Culpeper
尼拉姆・達溫 Maniram Dewan
尼格爾・霍克斯 Nigel Hawkes
布罕南・漢彌頓 Buchanan Hamilton
布拉甘薩的凱薩琳 Catherine of Braganza
布拉馬普特拉河 Brahmaputra river
本廷克勛爵 Lord Bentinck
瓦拉納西（地名）Benares
白溝渠之屋（遊樂花園）White Conduit House
伊莉莎・希德莫 Eliza Scidmore
伊莎貝拉・博德 Isabella Bird
列昂集團連鎖下午茶餐館 Lyons Corner Houses
印度茶葉協會 Indian Tea Association, ITA
印度茶葉控制草案 Indian Tea Control Bill
印度教 Hinduism
吉伯特・布蘭爵士 Sir Gilbert Blane
吉爾斯・麥克雷爾 Gyles Mackrell
安東尼・伯吉斯 Anthony Burgess
安娜（貝德福公爵夫人）Anna (Duchess of Bedford)
安德魯・查爾頓中尉 Lt. Charlton
艾利克・葛斯塔夫・耶伊爾 Erik Gustav Geijer
艾利克・卡內吉 Alick Carnegie
艾利克斯・莫雷 Alex Molloy
西伯利亞 Siberia
西莉亞・哈爾 Celia Hall
亨利・哈布豪斯 Henry Hobhouse
亨利・寇頓 Henry Cotton
亨利・莫內 Henry Mornay
伯蒙德賽（游樂花園）Bermondsey
佛教 Buddhism
克欽族 Kachin
坎伯爾・羅納德・海勒 Campbell Ronald Harler
坎寧子爵 Lord Canning
折衷會 Eclectic Society
改變的種子（著作）Seeds of Change

阿薩姆邦 Assam
阿薩姆移工草案 Assam Labour Emigration Bill
阿薩姆聯合解放陣線 United Liberation Front of Assam, UFLA
南丁格爾 Florence Nightingale
南森尼爾・瓦立克 Nathaniel Wallick
哈莉葉・馬提紐 Harriet Martineau
城堡與鷹隼酒館 Castle and Falcon Tavern
威廉・布雷克 William Black
威廉・伊里亞特・葛里菲斯 William Elliot Griffis
威廉・哈里森・烏克斯 William Harrison Ukers
威廉・海博登 William Heberden
威廉・康格里夫 William Congreve
威廉・傑克森 William Jackson
威廉・葛登・史塔伯 William Gordon Stables
威廉・摩爾克洛夫特 William Moorcroft
威廉・譚・瑞恩 William Ten Rhijne
威靈頓公爵 Duke of Wellington
柏金・楊格 Burking Young
查爾斯・布魯斯 Charles Bruce
查爾斯・迪林 Charles Deering
柯內里斯・邦特科 Cornelis Bontekoe
柯契（地名）Coochbihar
洛伊德・瓊斯上校 Colonel Lloyd Jones
洛娜・達克沃茲 Lorna Duckworth
科希瑪戰役 battle of Kohima
紀堯姆・雷納爾 Guillaume Raynal
約書亞・威治伍德 Josiah Wedgwood
約瑟夫・哈茲沃斯 Joseph Haldsworth
約瑟夫・班克斯爵士 Sir Joseph Banks
約瑟夫・萊斯特 Joseph Lister
約翰・桑納 John Sumner
約翰・卡內吉 John Carnegie
杜阿爾斯 Dooars
杜爾加女神節 Durga Poojah
沃克斯豪爾（遊樂花園）Vauxhall
貝菲德博士 Dr. Bayfield
貝蒂・梅桑格 Betty Messenger
辛哈夫婦 Mr. and Mrs. Singha
那加 Naga
里彭侯爵 Lord Ripon
亞利克・馬許 Alec Marsh
亞瑟・楊格 Arthur Young
岡倉天心 おかくら てんしん Okakura Tenshin
帕凱山脈 Patkoi
拉內列（遊樂花園）Ranelagh
拉賈斯坦（地名）Rajasthan
拉達克（地名）Ladakh
東印度公司 East India Company
武裝部隊 armed forces
法康納博士 Dr. Falconer
法蘭西斯・弗克 Francis Fowke
法蘭西斯・普萊斯 Francis Place
法蘭索瓦・德拉羅希福可 François de la Rochefoucauld
波乃耶 James Dyer Ball
波士頓茶黨 Boston Tea Party
波普 Alexander Pope
花草茶 herbal teas
邱園 Kew Gardens
金獅茶館 The Golden Lyon
阿妮瑪・巴拉里 Anima Bharali
阿波爾族 Abors
阿洪姆王朝 Ahom kings
阿美士德伯爵 Lord Amherst
阿賈・辛將軍 General Ajar Singh
阿爾伯特・亞瑟・蒲西爾 Albert Arthur Purcell
阿薩姆公司 Assam Company

強・雷桑 John Lettsom
強納生・馮海蒙特 Johannes van Helmont
晚茶 high tea
曼尼普爾之路 Manipur road
梅爾公司 Mair and Company
殺菌 antiseptic
產業法案(一九五二年)Industrial Act (1952)
莎拉・卡西迪 Sarah Cassidy
莎拉・麥可林 Sarah Maclean
莫賽斯・艾倫・史塔爾 Moses Allen Starr
酚 phenolics
雀莉・諾頓 Cherry Norton
麥克萊倫博士 Dr. Maclelland
麥紐特少校 Major McNaught
凱姆斯勛爵 Lord Kames
勞資糾紛法案 Trades Dispute Act
喀拉拉邦 Kerala
喬佛瑞・泰森 Geoffrey Tyson
喬治・史塔頓爵士 Sir George Staunton
喬治・迪克森 George Dickson
喬治・博格 George Bogle
喬治・蓋布瑞・席格蒙醫師 Dr. George Gabriel Sigmond
喬塔納普高原 Chota Nagpur
單寧/單寧酸 tannin / tannic acid
富蘭克林・希拉姆・金 Franklin Hiram King
斯莫・達斯 Smo Das
普魯達爾・辛加國王 King Purander Singha
景頗族 Singpho
植物園 Botanic Gardens
湯姆咖啡廳 Tom's Coffee House
湯馬斯・陀特 Thomas Trotter
湯馬斯・蕭特 Thomas Short
湯瑪士・迪維特・泰瑪吉 Thomas de Witt Talmage
湯瑪士・唐寧 Thomas Twining
湯瑪士・馬爾薩斯 Thomas Malthus
約翰・里克曼 John Rickman
約翰・彼得・瓦德 John Peter Wade
約翰・馮拉杜維茲 John von Radowitz
約翰・歐文頓爵士 Sir John Ovington
約翰・蕭爵士 Sir John Shore
約翰・戴維斯 John Davis
英國軍旅 British Brigade
英國軍隊 British Army
英國海外傳道會 Church Missionary Society
軍醫總監迪倫西 Surgeon-General de Renzy
飛剪船 clippers
庫珀(遊樂花園)Cuper's
恩格爾貝特・肯普弗 Engelbert Kaempfer
朗布爾(地名)Rungpor
格里芬斯博士 Dr. Griffiths
桑喬・哈薩里卡 Sanjoy Hazarika
神農大帝 Emperor Shen Nung
茶:在醫療與道德上的影響(著作)Tea: Its Effects, Medicinal and Moral
茶的故事(著作)The Tea Story
茶葉委員會 Tea Committee
茶熱 Tea Rush
茶樹(學名)Camellia sinensis
茶磚 brick tea
馬里波恩 Marylebone
馬戛爾尼伯爵 Lord Macartney
馬爾瓦里人 Marwaris
動盪區域法案 Disturbed Areas Act
國防法 Defence of India Act
密西密族 Mishmis
密里族 Miris
寇松侯爵 Lord Curzon
崔布里吉夫人 Lady Troubridge
康提族 Kamttee
康斯坦絲・葛登・庫敏 Constance Gordon Cumming
康華理伯爵 Lord Cornwallis

Braddon
碧沙（地名）Beesa
種植園勞動法（一九五二年）Plantation Act (1952)
綠茶 green tea
蒙兀兒王國 Mughals
德國 Germany
撣族 Shan
衛三畏 Samuel Wells Williams
鄧肯・佛比斯 Duncan Forbes
鄧肯・麥克尼爾 Duncan Macneil
魯德亞德・奇卜林 Rudyard Kipling
錫蘭（斯里蘭卡）Ceylon
戴胡拉族 Daflas
韓德爾 George Frideric Handel
禮儀之書（著作）Book of Etiquette
禮儀全書（著作）Complete Guide to Etiquette
禮儀與良好的態度（著作）Etiquette and Good Manners
雙面手法（劇作）The Double-Dealer
魏許上尉 Captain Welsh
魏維爾將軍 General Wavell
羅伯特・布魯斯 Robert Bruce
羅伯特・福鈞 Robert Fortune
羅伯特・蓋德拉 Robert Gardella
羅倫斯・瓦德爾中校 Colonel Laurence Waddell
嚼食茶葉 leaf chewing
寶寶茶 nursery tea
蘭開夏郡（地名）Lancashire
湯瑪斯・蓋威 Thomas Garway
琵亞・查特吉 Piya Chatterjee
華倫・海斯汀 Warren Hastings
費德里克・艾登爵士 Sir Frederick Eden
黃酮類化合物 Flavonoids
塔塔茶業 Tata Tea
塞迪亞城 Sadiya
奧里薩 Orissa
奧德利夫人的祕密（著作）Lady Audley's Secret
愛德華・布拉瑪 Edward Bramah
愛德華・曼尼上校 Colonel Edward Money
愛德華・摩斯 Edward Morse
愛德溫・阿諾爵士 Sir Edwin Arnold
楊達波條約 Treaty of Yandabo
源實朝 みなもと の さねとも Minamoto No Sanetomo
瑞吉先生 Mr. Rege
瑟琳娜・哈迪 Serena Hardy
禁酒運動 temperance movement
聖雄甘地 Mahatma Gandhi
聖赫勒納島（地名）St. Helena
萬能布朗 'Capability' Brown
葛頓先生 Mr. Gordon
詹姆士・莫里斯・史考特 James Maurice Scott
詹金斯少校 Major Jenkins
路易・巴斯德 Louis Pasteur
農業革命 agricultural revolution
遊樂花園 pleasure gardens
道格拉斯・威廉・傑羅 Douglas William Jerrold
達斯小姐 Miss Das
達爾豪希侯爵 Lord Dalhousie
雷德夫人 Lady Reid
榮西禪師 monk Eisai
瑪莉・伊莉莎白・布瑞登 Mary Elizabeth

VV0125

綠金・茶葉文明史

從喜馬拉雅山、圖博、雲南到阿薩姆，穿梭帝國談判桌與茶農辛勤間，
轉動現代工業、經貿發展與醫療應用齒輪的隱形推手

原著書名　Green Gold: The Empire of Tea

作　　者 —— 艾倫・麥法蘭 Alan Macfarlane、艾莉絲・麥法蘭 Iris Macfarlane
譯　　者 —— 楊佳蓉

總 編 輯 —— 王秀婷
責任編輯 —— 郭羽漫
版　　權 —— 沈家心
行銷業務 —— 陳紫晴、羅仔伶

發 行 人 —— 謝至平
出　　版 —— 積木文化
104 台北市民生東路二段 141 號 5 樓
電話：(02)2500-7696　傳真：(02)2500-1953
官方部落格：http://cubepress.com.tw
讀者服務信箱：service_cube@hmg.com.tw

發　　行 —— 英屬蓋曼群島商家庭傳媒股份有限公司城邦分公司
台北市民生東路二段 141 號 2 樓
讀者服務專線：(02)25007718-9
24 小時傳真專線：(02)25001990-1
服務時間：週一至週五 09:30-12:00、13:30-17:00
郵撥：19863813　戶名：書虫股份有限公司
網站　城邦讀書花園｜網址：www.cite.com.tw

香港發行所 —— 城邦（香港）出版集團有限公司
香港九龍土瓜灣土瓜灣道 86 號順聯工業大廈 6 樓 A 室
電話：+852-25086231　傳真：+852-25789337
電子信箱：hkcite@biznetvigator.com

馬新發行所 —— 城邦（馬新）出版集團 Cite (M) Sdn Bhd
41, Jalan Radin Anum, Bandar Baru Sri Petaling, 57000 Kuala Lumpur, Malaysia.
電話：(603) 90578822　傳真：(603) 90576622
電子信箱：services@cite.my

封面設計 —— PURE
內頁排版 —— 薛美惠
製版印刷 —— 韋懋實業有限公司

【印刷版】
2024 年 2 月 29 日 初版一刷
售　價／ 550 元
ISBN／ 9789864595662

【電子版】
2024 年 2 月
ISBN／ 9789864595648（EPUB）

【有聲版】
2024 年 4 月
ISBN／ 9789864595655（MP3）

綠金・茶葉文明史：從喜馬拉雅山、圖博、雲南到阿薩姆，穿梭帝國談判桌與茶農辛勤間，轉動現代工業、經貿發展與醫療應用齒輪的隱形推手 / 艾倫・麥法蘭 Alan Macfarlane、艾莉絲・麥法蘭 Iris Macfarlane ; 楊佳蓉譯 . -- 初版 . -- 臺北市 : 積木文化出版 : 英屬蓋曼群島商家庭傳媒股份有限公司城邦分公司發行 , 2024.02
面；　公分 . --（VV0125）
譯自 : Green gold : the empire of tea
ISBN 978-986-459-566-2（平裝）
1.CST: 茶葉 2.CST: 文化 3.CST: 歷史
481.609　　112020940